brv *motivation classics*

Alles, was du brauchst, um deine Träume
Wirklichkeit werden zu lassen
Ist bereits in dir.
Du musst es nur aktivieren.
Dieser zeitlose Klassiker zeigt dir, wie.

Stimmen zur amerikanischen Originalausgabe

»Einer der besten Finanzratgeber aller Zeiten! Mache Gebrauch davon und du wirst sehen, wie dein Wohlstand zunimmt!
Dan Zellem, CEO, Sweetland Press

»…Er vertritt eine sanfte Philosophie, die Konkurrenzdenken und Übervorteilung ausschließt und auf Kooperation setzt.«
Publishers Weekly

»Eins der großartigsten Bücher, das je geschrieben wurde!«
New Awareness Magazine

»Du WIRST Resultate erleben!«
Rebecca Fine, Certain Way Productions

Wallace D. Wattles

DIE WISSENSCHAFT DES REICHWERDENS

**Verblüffend einfache Reichtumsrezepte
eines fast vergessenen Klassikers
des Positiven Denkens**

brv motivation classics

Wattles, Wallace D., »Die Wissenschaft des Reichwerdens«
Bensheim, 2005. ISBN 3-938219-03-3

Die Originalausgabe erschien 1910 unter dem Titel
»The Science of Getting Rich«
Deutsche Übersetzung © Gerhard Reichmann
Copyright © 2005 Benjawan Reichmann Verlag, Bensheim
Umschlaggestaltung: Bernd Kromer
Herstellung: Books on Demand GmbH, Norderstedt
Printed in Germany
Alle Rechte vorbehalten.

Inhalt

Vorwort des Übersetzers

WER HÄTTE das gedacht: Ein Klassiker aus dem Jahr 1910 feiert im Amerika des 21. Jahrhunderts sein Comeback! Und nicht nur dort – auch in Australien wird Wattles wieder gelesen und zitiert, ebenso wie in England, Neuseeland, Kanada...

Warum ausgerechnet jetzt dieses *Revival* eines fast hundert Jahre alten Buches? Sind den Lebenshilfe-Beratern der Neuzeit etwa die Themen ausgegangen? Gibt es keine grundlegend neuen Einsichten mehr zu propagieren? Wohl kaum. Dem menschlichen Erfindungsgeist sind bekanntlich keine Grenzen gesetzt, und so wird es ihm sicher niemals an innovativen Ideen und Erkenntnissen mangeln.

Nein, was neu ist in der Lebensberatungsbranche: Man besinnt sich wieder auf die alten Klassiker, weil erkannt wurde, dass die ihnen zugrunde liegenden Wahrheiten sich niemals ändern. Und einfache, klare Worte oft sehr viel mehr bewirken können als komplizierte Programmtechniken, die wegen ihres voluminösen und vielschichtigen Inhalts jedenfalls für die tagtägliche autodidaktische Praxis immer weniger geeignet sind.

Wattles hat auf jeden Schnickschnack verzichtet, sagt klipp und klar: Das ist die Essenz meiner Lebenserkenntnis. Mehr brauchst auch du nicht zu wissen, nimm es an und praktiziere es, dann stellt sich dein Erfolg ein. Oder lass es sein und mach weiter wie bisher. Ziemlich radikal und kompromisslos.

Genau damit aber mag er richtig liegen. Und selbst hundert Jahre später in seinem Heimatland und anderswo immer noch – oder besser gesagt wieder – populär zu sein.

Alles an diesem Klassiker ist »gewöhnungsbedürftig«: Der altmodische Sprachstil. Die unverblümte Direktheit. Der (scheinbar) fordernde, fast radikale Wahrheitsanspruch.

Eben nur scheinbar. Wer das Buch ein-, zwei- oder dreimal durchgelesen hat, wer versucht hat, es wirklich zu verstehen, wird zugeben müssen, einen Hochkaräter entdeckt zu haben. Vielleicht einen ziemlich ungeschliffenen, aber das macht auch seinen besonderen Reiz aus. Und unwillkürlich ist man geneigt zu fragen, ob die großen »positiven Denker« – von Napoleon Hill (1937) über Dale Carnegie (1949) und Joseph Murphy (1962) – nicht doch alle nur von Wattles »abgeschrieben« haben?

Heute ist das eher unwichtig. Bedeutsamer ist da schon etwas anderes: Könnte es sein, dass in der erst während der letzten Jahre von der Neuen Physik um Ervin Laszlo aufgestellten Vereinheitlichten oder PSI-Feld-Theorie, die die intrinsischen Zusammenhänge von Geist und Kosmos und damit auch Materie und Leben neu zu erklären versucht, Parallelen zu Wattles' Thesen von vor fast hundert Jahren zu erkennen sind?

Über Mr. Wattles selbst finden sich im Anhang noch einige biografische Anmerkungen. Zum Sprachstil wäre anzumerken, dass die eine oder andere Wortwahl durch ein zeitgemäßeres Äquivalent ersetzt wurde, die Übersetzung sich ansonsten aber weitestgehend am Sprachstil des Originals orientiert hat.

Gerhard Reichmann

Einleitung

DIESES BUCH ist pragmatisch, nicht philosophisch – ein praktischer Leitfaden, keine theoretische Abhandlung. Es ist für die Männer und Frauen bestimmt, die dringend Geld benötigen, die zuerst reich werden wollen und das Philosophieren auf später verschieben. Es ist für diejenigen, die Ergebnisse verlangen und gewillt sind, wissenschaftliche Erkenntnisse zur Grundlage ihres Handelns zu machen, ohne selbst allzu tief in die Prozesse einsteigen zu müssen, durch die diese Erkenntnisse gewonnen wurden.

Es wird erwartet, dass der Leser die im Buch aufgeführten Prinzipien innerlich akzeptiert, so wie er die von einem Marconi oder Edison gemachten Aussagen über die Wirkungsweise der Elektrizität akzeptieren würde. Auch wird erwartet, dass er im festen Glauben an diese Prinzipien ihre Wirksamkeit beweist, indem er ohne Angst und Zaudern danach handelt. Jeder Mensch, der dies tut, wird garantiert reich werden, denn die hier vermittelten Erkenntnisse beruhen auf einer exakten wissenschaftlichen Grundlage – ein Scheitern ist unmöglich.

Beim Verfassen dieses Buches habe ich vor allen anderen Überlegungen der Einfachheit und stilistischen Klarheit den Vorrang gegeben, damit jeder es verstehen kann. Der hier vorgelegte Aktionsplan ist aus philosophischen Erkenntnissen abgeleitet. Der Plan wurde gründlich getestet und trägt das höchste Gütezeichen eines praktischen Experiments: Er funktioniert.

W. D. Wattles

Kapitel 1

Dein Recht auf Reichtum

WAS IMMER man lobend über die Armut sagen mag, die Tatsache bleibt bestehen, dass ein wirklich ausgefülltes und erfolgreiches Leben ohne Reichtum nicht möglich ist.

Niemand kann zur höchstmöglichen Entfaltung seines Talents oder seines Selbst emporsteigen, solange er nicht über genügend Geld verfügt; denn zur Selbstverwirklichung und Förderung seines Talents sind eine Menge Dinge nötig, und die bekommt er nicht, wenn ihm das Geld fehlt, sie zu bezahlen.

Der Mensch entwickelt sich geistig, seelisch und körperlich, indem er bestimmte Dinge nutzt. Unsere menschliche Gesellschaft ist so organisiert, dass jedes ihrer Mitglieder Geld haben muss, um in den Besitz dieser Dinge zu kommen. Die Basis jeglichen Fortkommens muss daher aus dem Wissen bestehen, wie man reich wird.

Der Zweck allen Lebens heißt Entwicklung, und alles Lebende hat ein unveräußerliches Recht auf jede nur mögliche Entwicklung, die es erreichen kann. Das Recht eines Menschen auf Leben bedeutet sein Recht auf freien und uneingeschränkten Gebrauch aller Dinge, die für seine volle geistige, spirituelle und physische Entfaltung notwendig sind – oder, mit anderen Worten, sein Recht auf Reichtum.

In diesem Buch spreche ich nicht von Reichtum in bildlicher Form. Wirklich reich zu sein heißt nicht, sich nur mit ein wenig zufrieden zu stellen oder zu begnügen. Niemand sollte mit wenig zufrieden sein, wenn er fähig ist, mehr zu erreichen und zu genießen. Der Zweck der Schöpfung liegt in der Weiterentwicklung und Entfaltung des Lebens, und jeder sollte alles haben, was zur

Kraft, Eleganz, Schönheit und Reichhaltigkeit des Lebens beitragen kann. Sich mit weniger zufrieden zu geben wäre sündhaft.

Jemand, der alles besitzt, was er zur uneingeschränkten Führung eines Lebens benötigt, das er zu führen imstande ist, ist reich. Niemand kann alles haben, was er will, es sei denn, er hat viel Geld. Das Leben hat sich so weit fortentwickelt und ist so komplex geworden, dass sogar der gewöhnlichste Mensch einen ziemlichen Wohlstand erlangt haben muss, um ein zumindest halbwegs passables Leben führen zu können. Jeder will natürlich all das erreichen, was er imstande ist zu erreichen. Dieser Wunsch nach Erfüllung der eigenen Möglichkeiten ist der menschlichen Natur angeboren; wir können nicht anders als das sein zu wollen, was wir sein können. Der Erfolg im Leben wird zu dem, was du sein willst. Nur durch den Gebrauch von Dingen kannst du das werden, was du willst, und nur wenn du reich genug bist, sie kaufen zu können, kannst du die Dinge uneingeschränkt nutzen. Die Wissenschaft des Reichwerdens zu verstehen ist daher das grundlegendste Wissen überhaupt.

Es ist nichts Schlechtes dabei, reich werden zu wollen. Der Wunsch nach Reichtum ist eigentlich nur der Wunsch nach einem reicheren, volleren, erfüllten Leben – und dieses Verlangen ist lobenswert. Die Person, die sich nicht danach sehnt, erfüllt zu leben, ist unnormal; folglich ist auch die Person, die sich nicht mehr Geld wünscht, um alles was sie haben will kaufen zu können, unnormal.

Es gibt drei Beweggründe, für die wir leben: Wir leben für den Körper, wir leben für den Geist und wir leben für die Seele. Kein Beweggrund ist besser oder heiliger als der andere; alle sind gleich erstrebenswert, und keins der drei – Körper, Geist oder Seele – kann in Vollkommenheit existieren, wenn eins davon im Leben zu kurz kommt, sich nicht entfalten kann. Es ist weder recht noch edel, nur für die Seele zu leben und Geist oder Körper zu verleugnen, genauso wie es falsch ist, nur für den Intellekt zu leben und Körper oder Seele zu vernachlässigen.

Wir sind alle mit den bitteren Konsequenzen eines Lebens nur für den Körper vertraut, das sowohl Geist als auch Seele verleugnet, und wir erkennen, dass *wahres* Leben den vollkommenen Ausdruck all dessen bedeutet, was eine Person durch Körper, Geist und Seele imstande ist hervorzubringen. Egal was der eine oder andere behaupten mag, niemand kann wirklich glücklich oder zufrieden sein, es sei denn sein Körper ist völlig gesund und funktionsfähig, und das Gleiche gilt für seinen Geist und seine Seele. Wo immer eine unterdrückte Chance oder eine unerledigte Aufgabe existiert, da existiert ungestilltes Verlangen. Verlangen ist die nach Ausdruck suchende Möglichkeit oder die nach Ausführung suchende Aufgabe.

Ein Mensch kann ohne Nahrung, komfortable Kleidung und eine warme Unterkunft nicht vollkommen im Körper leben; er kann es auch nicht, wenn er sich übermäßig abrackern muss. Erholung und Entspannung sind für sein physisches Leben ebenfalls von Bedeutung.

Ohne Bücher und ohne die Zeit zu haben, sie zu studieren, kann man nicht vollkommen im Geist leben; auch nicht ohne Gelegenheiten zum Reisen und Sightseeing oder ohne intellektuelle Beschäftigung. Um vollkommen im Geist leben zu können, muss ein Mensch intellektuelle Entspannung erfahren und sich selbst mit all den Gegenständen der Kunst und Schönheit umgeben können, die er zu schätzen und zu würdigen in der Lage ist.

Um der Seele Genüge zu tun, muss ein Mensch Liebe besitzen; durch Armut wird der Liebe aber ihr höchster Ausdruck verweigert.

Eines Menschen höchstes Glück besteht darin, denen, die er liebt, Wohltaten zu erweisen. Die Liebe findet ihren natürlichsten und spontansten Ausdruck im Geben. Ein Individuum, das nichts zu geben hat, kann seinen Platz als Ehepartner oder Elternteil, als Bürger oder Mensch nicht ausfüllen. Erst durch den Gebrauch materieller Dinge erfährt eine Person ein volles Leben für ihren Körper, sie entwickelt ihren Geist und entfaltet ihre Seele. Es ist daher für jedes Individuum von höchster Bedeutung, reich zu sein.

Dein Verlangen nach Reichtum ist absolut in Ordnung. Wenn du ein normaler Mensch bist, kannst du gar nicht anders. Es ist absolut in Ordnung, dass du deine größte Aufmerksamkeit auf die Wissenschaft des Reichwerdens richtest, denn sie ist die edelste und notwendigste aller Studien. Wenn du dieses Studium vernachlässigst, vernachlässigst du deine Pflicht gegenüber dir selbst, gegenüber Gott und der Menschheit, denn du kannst Gott und der Menschheit keinen größeren Dienst erweisen, als das Beste aus dir zu machen.

Kapitel 2
Die Wissenschaft des Reichwerdens

ES GIBT eine Wissenschaft des Reichwerdens, und es ist eine exakte Wissenschaft wie Algebra oder Arithmetik. Es gibt bestimmte Gesetze, die die Prozesse des Erwerbs von Reichtümern lenken, und hat jemand diese Gesetze erst einmal gelernt und akzeptiert, dann wird dieser Mensch mit mathematischer Sicherheit reich werden.

Der Besitz von Geld und Anlagevermögen ist das Resultat einer bestimmten Handlungsweise. Diejenigen, die bestimmte Dinge auf eine bestimmte Art und Weise tun – ob absichtlich oder unbewusst – werden reich, während diejenigen, die es auf diese bestimmte Art und Weise nicht tun – egal wie hart sie arbeiten oder wie talentiert sie sind – arm bleiben.

Es ist ein natürliches Gesetz, das gemäß dem Prinzip von Ursache und Wirkung arbeitet; daher müssen alle Männer und Frauen, die lernen, nach dieser bestimmten Methode zu handeln, unweigerlich reich werden.

Dass die obige Behauptung wahr ist, wird durch folgende Fakten belegt:

Reich zu werden ist keine Frage des Lebensumfelds, denn wäre es das, müssten alle Leute in bestimmten Wohnvierteln wohlhabend werden. Die Bewohner der einen Stadt wären alle reich, während die in einer anderen alle arm blieben. Die Bewohner des einen Landes würden sich alle im Wohlstand sonnen, während die eines benachbarten Landes in Armut dahinvegetierten.

Überall jedoch sehen wir Reiche und Arme Seite an Seite leben, in der gleichen Umgebung und oft in den gleichen Beschäftigungen. Wenn zwei Menschen in der gleichen Nachbarschaft und in der gleichen Branche tätig sind und der eine Reichtum erlangt während der andere arm bleibt, dann sagt uns das, dass Wohlstand nicht vorrangig eine Frage der Umgebung ist. Einige Umgebungen mögen günstigere Bedingungen aufweisen als andere, aber wenn zwei Geschäftsleute in der gleichen Branche in der gleichen Nachbarschaft leben und der eine reich wird während der andere bankrott geht, dann deutet alles darauf hin, dass das Reichwerden das Resultat einer bestimmten Handlungsweise ist.

Darüber hinaus ist die Fähigkeit, Dinge nach dieser bestimmten Methode zu tun, nicht allein eine Frage des Talents, denn eine Menge sehr talentierter Leute bleiben arm, während andere mit eher bescheidenen Talenten reich werden.

Schauen wir uns die Leute, die reich geworden sind, genauer an, so stellen wir fest, dass sie in jeder Hinsicht Durchschnittsmenschen sind, die keine größeren Talente oder Fähigkeiten als andere Menschen besitzen. Es ist augenscheinlich, dass sie nicht ihrer Talente und Fähigkeiten wegen, die anderen vielleicht fehlen, reich geworden sind, sondern weil sie sich angewöhnt haben, bestimmte Dinge auf eine bestimmte Art und Weise zu tun.

Reich wird man nicht durch Sparen oder Sparsamkeit. Sehr viele geizige Leute sind arm, während freigiebige Spender oft reich werden.

Ebenso wenig hat Reichwerden etwas damit zu tun, dass Geschäfte getätigt werden, mit denen andere scheitern; denn zwei Menschen im gleichen Geschäftszweig tun oft fast genau die gleichen Dinge, wobei der eine zu Wohlstand kommt während der andere unvermögend bleibt oder sogar bankrott geht.

Aufgrund all dieser Erfahrungen müssen wir zu der Schlussfolgerung kommen: Das Reichwerden ist das Ergebnis einer ganz bestimmten Handlungsweise. Wenn die Erlangung von Wohlstand das Resultat einer ganz bestimmten Handlungsweise ist, und wenn gleiche Ursachen immer gleiche Wirkungen produzieren, dann können alle Männer und Frauen, die dementsprechend vorgehen, reich werden, und die ganze Angelegenheit wird zu einer Domäne der exakten Wissenschaft.

Die Frage stellt sich hier, ob nicht dieser bestimmte Weg so schwierig ist, dass nur wenige ihn zu gehen vermögen. Wie wir gesehen haben, kann das nicht stimmen (was die natürliche Begabung anbetrifft). Talentierte Leute werden reich, aber auch Dummköpfe; intellektuell brillante Leute werden reich, aber auch stockdumme; körperlich starke Leute werden reich, aber auch schwache und kränkelnde. Eine gewisse Fähigkeit zum Denken und Verstehen ist natürlich unerlässlich, doch was die Begabung anbetrifft, so kann jeder Mensch, der genug Verstand besitzt, um diese Worte zu lesen und zu verstehen, ganz sicher reich werden.

Auch haben wir gesehen, dass es keine Frage des Lebensumfelds ist. Ja, die Örtlichkeit zählt schon ein wenig. Niemand würde mitten in die Sahara gehen in der Erwartung, dort erfolgreiche Geschäfte tätigen zu können. Reich zu werden beinhaltet die Notwendigkeit, mit Leuten zu verkehren und dort zu sein, wo es Leute gibt, mit denen man Geschäfte machen kann. Wenn diese Leute dann noch geneigt sind, so mit dir zu handeln wie du es möchtest, um so besser. Doch mehr gibt es über das Lebensumfeld nicht zu sagen. Wenn jeder andere in deiner Stadt reich werden kann, dann kannst du es auch, und wenn jeder andere in deinem Land reich werden kann, dann kannst du es ebenfalls.

Nochmals, es hat nichts mit der Wahl eines bestimmten Geschäfts oder Berufs zu tun. Leute werden in jedem Geschäftszweig und jedem Job reich, während es ihren nächsten Nachbarn, die genau die gleiche Tätigkeit ausüben, an allem mangelt.

Es stimmt, dass du in dem von dir bevorzugten Geschäft, das auch zu dir passt, am besten bist. Und wenn du gewisse gut entwickelte Talente besitzt, wirst du in dem Geschäft am besten sein, wo genau diese Talente gebraucht werden.

Auch wirst du am besten mit einem Geschäft abschneiden, das in deine Umgebung passt. Eine Eisdiele würde in einem warmen Klima besser laufen als in Grönland, und eine Lachsfabrik würde im Nordwesten der USA erfolgreicher operieren als in Florida, wo es keinen Lachs gibt.

Doch abgesehen von diesen allgemeinen Einschränkungen ist das Reichwerden nicht von deinem Engagement in irgendeinem bestimmten Geschäftszweig abhängig, sondern davon, dass du lernst, bestimmte Dinge auf eine bestimmte Art und Weise zu tun.

Wenn du derzeit geschäftlich tätig bist und jeder andere aus deiner Umgebung im gleichen Geschäftszweig wohlhabender wird, du aber *nicht*, dann gehst du ganz einfach nicht so vor, wie die anderen Personen das tun.

Niemand wird durch einen Mangel an Kapital davon abgehalten, reich zu werden. Es stimmt: Wenn dir Kapital zur Verfügung steht, verläuft das Geschäftswachstum leichter und schneller, aber ein Kapitalist ist bereits reich und muss sich nicht überlegen, wie er es werden kann.

Egal wie arm du sein magst, wenn du anfängst, die Dinge auf eine bestimmte Art und Weise zu tun, wirst du anfangen Reichtum zu erlangen und Kapital aufzubauen. Die Beschaffung von Kapital ist ein Teil des Prozesses, der zum Reichtum führt, und es ist ein Teil des Ergebnisses, das unweigerlich eintreten wird, sobald du die Dinge auf eine bestimmte Art und Weise tust.

Du bist vielleicht der ärmste Mensch des Kontinents und tief verschuldet. Vielleicht hast du weder Freunde, noch Einfluss, noch wirtschaftliche Mittel. Aber wenn du beginnst, nach dieser bestimmten Methode zu handeln, musst du unweigerlich reich werden, denn gleiche Ursachen *müssen* gleiche Wirkungen produzieren.

Wenn du kein Kapital besitzt, kannst du es bekommen. Wenn du im falschen Geschäft bist, kannst du ins richtige Geschäft wechseln. Wenn du dich in der falschen Umgebung befindest, kannst du in die richtige Umgebung umziehen.

Und du kannst einfach in deinem jetzigen Geschäft und deiner jetzigen Umgebung damit anfangen, Dinge auf die bestimmte Art und Weise zu tun, was *immer* Erfolg nach sich zieht.

Du musst damit beginnen, in Harmonie mit den Gesetzen zu leben, die das Universum regieren.

Kapitel 3
Ist Opportunität monopolisiert?

NATÜRLICH NICHT. Niemand wird in Armut gehalten, weil andere Leute den Wohlstand monopolisiert und einen Zaun um ihn herum gezogen haben könnten. Du magst davon ausgeschlossen sein, dich in bestimmten Branchen zu betätigen, aber dafür stehen dir genügend andere Kanäle offen.

Zu jeder Zeit verläuft der Trend der Opportunitäten in eine andere Richtung, entsprechend den Bedürfnissen des Ganzen und der jeweils erreichten Phase der sozialen Evolution.

Es gibt ein Übermaß an Gelegenheiten für die Person, die mit dem Trend geht, statt dass sie dagegen anzuschwimmen versucht. Auch Arbeitern werden, ob als Individuen oder als Klasse, Gelegenheiten nicht vorenthalten. Weder werden die Arbeiter von ihren Herren unterdrückt noch von den Arbeitgebern und dem Big Business »aufgerieben«. Als Klasse sind sie dort, wo sie sind, denn sie tun die Dinge nicht auf eine bestimmte Art und Weise.

Die Arbeiterklasse könnte zur Meisterklasse aufsteigen, sobald sie beginnen würde, Dinge auf eine bestimmte Art und Weise zu tun. Das Gesetz des Wohlstands gilt für sie in gleichem Maß wie für alle anderen. Das müssen sie lernen; falls sie aber so weitermachen wie bisher, werden sie dort bleiben wo sie sind. Der einzelne Arbeiter wird jedoch nicht unterdrückt, nur weil eine ganze Gesellschaftsschicht diese Gesetze ignoriert; er kann der Tide der Gelegenheiten zum Erwerb von Reichtümern folgen, und dieses Buch wird ihm sagen, wie.

Niemand wird durch einen Angebotsmangel an Reichtümern in Armut gehalten; es gibt mehr als genug für alle.

Ein Palast so groß wie das Kapitol in Washington könnte für jede Familie dieser Welt aus den Baustoffvorräten gebaut werden, die allein in den Vereinigten Staaten lagern. Bei intensiver Kultivierung würde unser Land genug Wolle, Baumwolle, Leinenstoffe und Seide erzeugen, um jeden Menschen auf der Erde eleganter einzukleiden als Salomon in all seiner Pracht ausgestattet war, und wir würden genug Nahrung produzieren, um sie alle luxuriös zu verköstigen.

Die sichtbaren Vorräte sind praktisch unerschöpflich, und die unsichtbaren Vorräte *sind tatsächlich* unerschöpflich.

Alles, was du auf Erden siehst, ist aus einer ursprünglichen Substanz gemacht, aus der alle Dinge hervorgehen. Neue Formen werden kontinuierlich erschaffen und alte lösen sich auf, doch sie alle sind Gebilde, die aus ein und derselben Quelle stammen.

Es gibt keine Begrenzung der Verfügbarkeit dieses formlosen Stoffes oder dieser ursprünglichen Substanz. Das Universum ist aus ihr gemacht, aber die Substanz wurde damit längst nicht aufgebraucht. Die Räume in, durch und zwischen den Ausgestaltungen des sichtbaren Universums sind durchdrungen und ausgefüllt mit der ursprünglichen Substanz, mit dem formlosen Stoff – dem Rohmaterial aller Dinge. Zehntausendmal so viel wie erschaffen wurde könnte noch produziert werden, und selbst dann wäre der Vorrat an universellem Rohmaterial noch nicht erschöpft.

Niemand ist daher arm, weil die Natur arm ist oder weil es nicht genügend von dem gibt, was uns erhält.

Die Natur ist eine unerschöpfliche Lagerstätte von Reichtümern; ihre Vorräte werden niemals versiegen. Ursprüngliche Substanz ist belebt mit kreativer Energie und produziert ständig weitere Formen. Wenn der Vorrat an Baumaterialien zu versiegen droht, wird er sofort erneuert oder es wird zusätzliche Materie erzeugt. Ist der Boden ausgelaugt, so dass Nahrungsmittel und Rohstoffe für unsere Kleidung nicht mehr länger darauf wachsen, wird er erneuert und mehr Substanz wird hinzugefügt. Selbst wenn alles Gold und Silber aus der Erde geholt worden ist, die Menschheit aber weiterhin nach Gold und Silber verlangt, kann vom Formlosen mehr davon produziert werden. Die formlose Substanz reagiert auf alle Bedürfnisse der Menschheit; sie wird die Welt nicht ohne ein gutes Ding lassen.

Das trifft auf den *kollektiven* Menschen zu. Die Menschheit als Ganzes wird immer im Überfluss reich sein, und wenn Individuen arm sind, so einzig aus dem Grund, weil sie nicht dem gewiesenen Weg folgen und die Dinge tun, die sie reich machen.

Die formlose Substanz ist intelligent; es ist eine denkende Substanz. Sie ist mit Leben erfüllt und stets bestrebt, mehr Leben hervorzubringen.

Es ist der natürliche und inhärente Impuls des Lebens, nach noch mehr Leben zu streben; es liegt in der Natur der Intelligenz, sich selbst zu erweitern, und in der Natur des Bewusstseins, sich über seine Grenzen hinaus auszudehnen, um einen volleren Ausdruck seiner selbst zu finden.

Das Universum der Formen wurde von der formlosen Lebenssubstanz erschaffen, die sich in eine Form begab, um sich selbst vollendeter auszudrücken.

Das Universum ist eine großartige Lebenspräsenz, die aus sich selbst heraus nach immer mehr Leben und einer immer perfekteren Funktionsweise strebt.

Die Natur wurde für die Weiterentwicklung des Lebens erschaffen, und das sie antreibende Motiv ist die Vermehrung des Lebens. Daher ist für alles, was möglicherweise dem Leben dienen kann, großzügig vorgesorgt.

Es kann keinen Mangel geben, oder Gott würde sich selbst widersprechen und seine eigene Schöpfung für nichtig erklären.

Du wirst nicht durch einen Mangel an verfügbaren Reichtümern in Armut gehalten. Das ist eine Tatsache, auf die ich noch ein wenig näher eingehen werde, denn sogar die Ressourcen der formlosen Vorräte stehen allen Männern und Frauen zur Verfügung, die auf eine bestimmte Art und Weise handeln und denken.

Kapitel 4

Das erste Prinzip
der Wissenschaft des Reichwerdens

DER GEDANKE ist die einzige Macht, die greifbare Reichtümer aus der Formlosen Substanz produzieren kann.

Der Stoff, aus dem alle Dinge gemacht sind, ist eine denkende Substanz, und jeder Gedanke an eine Form in dieser Substanz produziert eine Form.

Die Ursprüngliche Substanz bewegt sich gemäß ihrer Gedanken; alle Formen und Prozesse, die du in der Natur siehst, sind die sichtbaren Ausdrücke von Gedanken dieser Ursprünglichen Substanz.

Denkt der Formlose Stoff an eine Form, nimmt er diese Form an; denkt er an eine Bewegung, macht er diese Bewegung. Auf diese Weise wurden alle Dinge erschaffen. Wir leben in einer Gedankenwelt, die Teil eines Gedankenuniversums ist. Der Gedanke eines in der Entstehung befindlichen Universums erstreckt sich durch die gesamte Formlose Substanz hindurch, und der Denkstoff – der sich entsprechend dieses Gedankens bewegt – nimmt die Form von planetaren Systemen an und behält diese Form bei.

Denkende Substanz nimmt die Form ihres Gedankens an und bewegt sich in Übereinstimmung mit diesem Gedanken. Indem sie die Idee eines kreisenden Systems von Sonnen und Welten aufrechterhält, nimmt sie die Form dieser Körper an und bewegt sie gemäß ihren Gedanken. Denkt sie an die Form einer langsam wachsenden Eiche, bewegt sie sich entsprechend und produziert den Baum, obwohl dazu hunderte von Jahren nötig sein mögen. Beim Erschaffen scheint das Formlose entsprechend den von ihm festgesetzten Bewegungsabläufen vorzugehen. Mit anderen Worten, der Gedanke an einen Eichbaum verursacht nicht die sofortige Ausbildung eines ausgewachsenen Baumes, sondern das Formlose setzt die Kräfte in Gang, die den Baum entsprechend den etablierten Bewegungsabläufen produzieren werden.

Jeder Gedanke an eine Form, der in der Denksubstanz gehalten wird, verursacht die Erschaffung dieser Form, jedoch immer – oder zumindest im Allgemeinen – gemäß den bereits festgelegten Abläufen von Wachstum und Aktion.

Würde der Formlosen Substanz der Gedanke an ein Haus mit einer besonderen Konstruktionsweise eingeprägt, bedeutete das nicht die sofortige Errichtung eines Hauses, doch würde es die kreativen Energien, die bereits in der Wirtschaftswelt arbeiten, in solche Kanäle leiten, dass ein beschleunigter Hausbau die Folge ist.

Gäbe es keine bereits bestehenden Kanäle, durch welche die Kreative Energie arbeiten könnte, dann würde das Haus direkt aus Ursubstanz geformt, ohne Rückgriff auf die langsamen Prozesse der organischen und anorganischen Welt.

Kein Gedanke an Form kann der Ursprünglichen Substanz eingeprägt werden, ohne dass die Erschaffung einer Form verursacht wird.

Ein Mensch ist ein Gedankenzentrum und kann Gedanken hervorbringen. Alle Formen, die ein Mensch mit seinen Händen herstellt, müssen zuerst in seinen Gedanken existieren. Er kann kein Ding gestalten, wenn er es nicht vorher schon *erdacht* hat.

Bis jetzt hat die Menschheit ihre Anstrengungen auf die Arbeit ihrer Hände beschränkt; sie passte ihre manuelle Arbeit der Welt der Formen an und versuchte, die bereits existierenden Formen auszuwechseln oder zu verändern. Die Menschheit hat nie daran gedacht, den Versuch zu wagen, durch die Einprägung von Gedanken in die Formlose Substanz die Erschaffung neuer Formen auszulösen.

Wenn eine Person eine Gedanken-Form hat, nimmt sie Material aus den Vorräten der Natur und fertigt ein Abbild der Form an, die in ihrem Bewusstsein ist. Die Menschen haben bisher wenig oder keine Anstrengung unternommen, mit der Formlosen Intelligenz zu kooperieren –»mit dem Gottvater« zu arbeiten.

Der einzelne Mensch kann sich im Traum nicht vorstellen, dass auch er tun kann,»was er den Vater tun sieht«. Er verändert und gestaltet bereits *existierende* Formen durch seine manuelle Arbeit und hat bislang der Frage keine Bedeutung beigemessen, ob er Dinge aus der Formlosen Substanz produzieren kann, indem er seine Gedanken in sie hineinprojiziert.

Wir werden den Beweis vorlegen, dass er genau dies tun kann – den Beweis, dass *jeder* Mensch dies tun kann – und wir werden zeigen, wie.

Im ersten Schritt müssen wir drei fundamentale Thesen aufstellen.

Erstens: Wir erklären, dass es *einen ursprünglichen Formlosen Stoff oder eine Ursubstanz gibt, aus dem/der alle Dinge gemacht sind.*

Die scheinbar vielen Elemente sind nichts anderes als unterschiedliche Erscheinungen eines Elements. All die vielen Formen, die in der organischen und anorganischen Natur vorkommen, sind nichts als unterschiedliche Gebilde, die aus dem gleichen Stoff bestehen. Und dieser Stoff ist Denkstoff – *ein ihm eingeprägter Gedanke produziert die Form dieses Gedankens.*

Ein Gedanke in der Denksubstanz produziert Gebilde. Ein Mensch ist ein Denkzentrum und fähig, einen originären Gedanken zu denken. Wenn eine Person ihren Gedanken an die originäre Denksubstanz kommunizieren kann, dann kann sie eine Schöpfung oder materielle Ausbildung dessen verursachen, über was sie denkt.

Fassen wir zusammen:

Es existiert ein Denkstoff, aus dem alle Dinge gemacht sind und der, in seinem Urzustand, die Zwischenräume des Universums durchdringt und ausfüllt.

Ein Gedanke in dieser Substanz produziert den Gegenstand oder die Situation, die vorher als geistiges Bild mittels dieses Gedankens entworfen wurde.

Eine Person kann Gegenstände und Situationen gedanklich formen und, indem sie ihre Gedanken der Formlosen Substanz einprägt, veranlassen, dass die gedachten Gegenstände und Situationen zur Realität werden.

Die Frage mag berechtigt sein, ob ich diese Thesen beweisen kann, und ohne in Details zu gehen antworte ich, dass ich das kann, sowohl durch Logik als auch durch Erfahrung.

Wenn ich vom Phänomen der Form und Gedanken aus rückwärts folgere, komme ich zu einer originären Denksubstanz, und folgere ich vom Standpunkt dieser Denksubstanz aus vorwärts, gelange ich zur Fähigkeit eines Menschen, die Entstehung des Gegenstandes zu verursachen, über den er denkt.

Und durch Experimente fand ich heraus, dass die Argumentation stimmt. Dies ist mein stärkster Beweis.

Wenn eine Person, die dieses Buch liest, durch das Befolgen meiner Anweisungen reich wird, dann unterstützt das meine Behauptung. Wird jedoch *jede* Person reich, die tut was mein Buch ihr empfiehlt zu tun, dann gilt das solange als ein positiver Beweis, bis jemand den Prozess durchläuft und anschließend scheitert. Die Theorie stimmt solange, bis der Prozess scheitert, aber dieser Prozess *wird nicht* zum Scheitern führen, denn *jeder, der genau tut was dieses Buch ihm vorgibt zu tun, wird reich werden.*

Ich habe gesagt, dass Leute reich werden, indem sie nach einer bestimmten Methode vorgehen. Um so vorgehen zu können, muss man die Fähigkeit erwerben, auf eine bestimmte Art und Weise zu denken.

Die Art und Weise, wie ein Mensch lebt, ist das direkte Resultat seines Denkens. Um Dinge so zu tun wie du sie tun *willst*, musst du die Fähigkeit erwerben, so zu denken wie du denken *willst*. Dies ist der erste Schritt hin zum Reichwerden.

Und zu denken was du denken willst bedeutet, unbeeinflusst von äußeren Erscheinungen die WAHRHEIT zu denken.

Jede Einzelperson hat die natürliche und angeborene Macht, das zu denken, was sie zu denken wünscht, jedoch erfordert es weit größere Anstrengung, dies auch zu tun – statt die Gedanken zu denken, die durch äußere Erscheinungen suggeriert werden.

Aufgrund äußerer Erscheinungen zu denken ist leicht, doch die Wahrheit zu denken – ohne sich von äußeren Erscheinungen beeinflussen zu lassen – ist mühsam und erfordert mehr Kraft als jede andere Arbeit, die wir zu leisten haben.

Vor nichts drücken sich die Leute lieber als vor der Arbeit des nachhaltig und konsequent durchgeführten Denkens. Es ist die härteste Arbeit der Welt. Das trifft besonders dann zu, wenn die Wahrheit im Gegensatz zu den äußeren Erscheinungen steht.

Jede Erscheinung in der sichtbaren Welt tendiert dazu, eine entsprechende Form im Bewusstsein des Wahrnehmenden zu produzieren, und dies kann nur verhindert werden, indem am Gedanken der WAHRHEIT festgehalten wird.

Eine Betrachtung äußerer Mangelerscheinungen produziert entsprechende Formen in deinem eigenen Bewusstsein, es sei denn du hältst an der Wahrheit fest, dass es keinen Mangel gibt, sondern nur Überfluss.

Sich Gesundheit vorzustellen wenn man von Krankheitserscheinungen umgeben ist, oder sich Reichtümer vorzustellen wenn man mitten in Armutsmanifestationen steckt, erfordert Kraft; doch wer immer sich diese Kraft aneignet, wird zum *Meister seines Bewusstseins*. Dieser Mensch kann das Schicksal bezwingen und kann haben, was er will.

Diese Kraft kann nur durch die Erkenntnis der grundlegenden Tatsache hinter allen Erscheinungen erworben werden, nämlich dass es eine Denksubstanz gibt, aus der und durch die alle Dinge gemacht sind.

Dann müssen wir auch die Wahrheit begreifen, dass *jeder* Gedanke, der dieser Substanz eingeprägt ist, zu einer Form wird und der Mensch seine Gedanken dieser Substanz so einprägen kann, dass sie Form annehmen und zu sichtbaren Dingen werden. Haben wir dies erst einmal erkannt, verlieren wir jeden Zweifel und jede Angst, denn wir wissen, dass wir alles erschaffen können was wir wollen, dass wir alles bekommen können was wir uns wünschen und genau das werden können, was wir sein möchten.

Als ersten Schritt zum Reichwerden musst du die drei in diesem Kapitel aufgeführten fundamentalen Prinzipien im Glauben annehmen; zur Verstärkung wiederhole ich sie hier nochmals:

Es existiert ein Denkstoff, aus dem alle Dinge gemacht sind und der, in seinem Urzustand, die Zwischenräume des Universums durchdringt und ausfüllt.

Ein Gedanke in dieser Substanz produziert den Gegenstand oder die Situation, die vorher als geistiges Bild mittels dieses Gedankens entworfen wurde.

Eine Person kann Gegenstände und Situationen gedanklich formen und, indem sie ihre Gedanken der Formlosen Substanz einprägt, veranlassen, dass die gedachten Gegenstände und Situationen zur Realität werden.

Du musst alle anderen Konzepte über das Universum vergessen und dich solange mit diesen Prinzipien beschäftigen, bis sie in deinem Bewusstsein fest verankert sind und dir zum gewohnheitsmäßigen Denken werden. Lies diese Thesen immer und immer wieder. Präge dir jedes ihrer Worte in dein Gedächtnis ein und meditiere darüber, bis du ganz fest an sie glaubst. Falls dir Zweifel kommen, weise sie ab. Höre nicht auf Argumente, die dieses Konzept infrage stellen. Gehe nicht in religiöse Einrichtungen oder Veranstaltungen, wo ein konträres Konzept der Dinge gelehrt oder gepredigt wird. Lies keine Zeitschriften oder Bücher, die ein anderes Konzept propagieren. Wenn du in deinem Verstehen, Glauben und

Vertrauen durcheinander gerätst, werden all deine Anstrengungen umsonst sein.

Frage nicht, *warum* diese Dinge wahr sind. Spekuliere auch nicht über das *wie*. Nimm sie einfach im Vertrauen an. Die Wissenschaft des Reichwerdens beginnt mit der absoluten Akzeptanz dieser Prinzipien.

Kapitel 5
Das Leben vermehren

VERWIRF AUCH den letzten Rest deiner antiquierten Vorstellung über ein göttliches Wesen, dessen Wille es sein oder dessen Zwecken es dienen könnte, dich in Armut zu halten. Die Intelligente Substanz, die alles ist und in allem ist, die in allem lebt und auch in dir lebt, ist eine *bewusst* lebende Substanz. Als bewusst lebende Substanz muss sie die Eigenschaft und das inhärente Verlangen jeder lebenden Intelligenz nach einer Vermehrung des Lebens haben.

Alle lebenden Geschöpfe sind beständig auf Vermehrung ihres Lebens bedacht, denn Leben an sich bedeutet fortwährende Vermehrung. Wenn ein Samenkorn in den Boden sinkt, wird es aktiv und produziert im Verlauf des Lebens viele hundert weitere Samenkörner; Leben multipliziert sich selbst nur durch den Akt des Lebens. Es wird sich für immer vermehren. Das muss es tun, wenn es überhaupt weiterbestehen will.

Die Intelligenz ist dem gleichen Bedürfnis nach beständiger Erweiterung unterworfen. Jeder Gedanke, den wir denken, fordert von uns ab, dass wir einen anderen Gedanken denken; das Bewusstsein expandiert kontinuierlich.

Jede Tatsache, die wir lernen, führt uns zum Erlernen einer anderen Tatsache; das Wissen vermehrt sich unablässig.

Jede Fähigkeit, die wir kultivieren, löst im Bewusstsein den Wunsch aus, eine andere Fähigkeit auszubilden; wir sind dem Drang des Lebens ausgesetzt, suchen Ausdruck und Entfaltung, was uns permanent antreibt mehr zu wissen, mehr zu tun und mehr zu sein.

Damit wir mehr wissen, mehr tun und mehr sein können, müssen wir mehr haben. Wir müssen Dinge nutzen können, denn wir lernen, tun und sind nur etwas durch den Gebrauch von Dingen. Wir müssen reich werden, damit wir vollkommener leben können.

Der Wunsch nach Reichtum ist lediglich die Kapazität für ein größeres, nach Erfüllung strebendes Leben. Jedes Verlangen ist das Bemühen einer unausgedrückten Möglichkeit, in Aktion zu treten. Es ist die Energie, die sich zu manifestieren versucht, die das Verlangen verursacht.

Das, was in dir den Wunsch nach mehr Geld auslöst, ist das Gleiche, was die Pflanze zum Wachsen veranlasst; es ist das Leben, welches nach vollerem Ausdruck strebt.

Die Eine Lebende Substanz ist diesem ureigenen Gesetz allen Lebens unterworfen. Sie ist durchdrungen von dem Verlangen nach mehr Leben; darum steht sie permanent unter dem Zwang, Dinge erschaffen zu müssen.

Die Eine Substanz sehnt sich danach, mehr in dir und durch dich zu leben. Daher möchte sie, dass du alle Dinge hast, die du gebrauchen kannst.

Es ist Gottes Wunsch, dass du reich wirst. Er will, dass du reich wirst, denn er kann sich selbst viel besser durch dich ausdrücken, wenn dir eine Menge Dinge zur Nutzung offen stehen, mit deren Hilfe du ihm wiederum Ausdruck verleihen kannst. Er kann »mehr« in dir leben, wenn du über einen uneingeschränkten Zugriff auf alle Ressourcen des Lebens verfügst.

Das Universum wünscht dir, dass du alles hast, was du haben willst.

Die Natur ist deinen Plänen gegenüber freundlich gestimmt.

Alles ist naturgemäß *für* dich.

Entscheide dich für die Wahrheit.

Es ist allerdings unerlässlich, dass deine Zielsetzung mit der Zielsetzung, die in allem ist, harmonisiert.

Du musst wahres Leben wollen, nicht bloßes Vergnügen oder sinnliche Befriedigung. Leben bedeutet die Verrichtung von

Aufgaben, und das Individuum lebt nur dann wirklich, wenn es alle Aufgaben – die physischen, geistigen und spirituellen – ausführt, zu denen es fähig ist, ohne irgendeine davon zu übertreiben.

Du willst nicht reich werden, um schamlos animalischen Gelüsten frönen zu können. Das ist nicht Leben. Die Ausübung aller physischen Funktionen *ist* hingegen ein Teil des Lebens, und niemand lebt vollkommen, der den Trieben des Körpers einen normalen und gesunden Ausdruck verweigert.

Du willst nicht reich werden, um ausschließlich geistige Freuden zu genießen, Wissen zu sammeln, Ambitionen zu befriedigen, andere zu übertreffen, berühmt zu sein. All diese Dinge sind ein legitimer Teil des Lebens, doch die Person, die nur für intellektuelle Genüsse lebt, wird ein unvollständiges Leben führen und niemals mit ihrem Los zufrieden sein.

Du willst nicht einzig und allein zum Wohl der anderen reich werden, dich in der Errettung der Menschheit verlieren, um die Freuden der Philanthropie und Aufopferung zu erfahren. Die Freuden der Seele sind nur ein Teil des Lebens, und sie sind nicht besser oder edler als jeder andere Teil.

Du willst reich werden, damit du essen, trinken und fröhlich sein kannst – wenn die Zeit reif ist, diese Dinge zu tun. Du willst reich werden, damit du dich mit schönen Sachen umgeben und ferne Länder bereisen kannst. Du willst reich werden, damit du die Möglichkeit bekommst, dein Verständnis zu erweitern und deinen Intellekt zu entwickeln. Du willst reich werden, damit andere deine Liebe erfahren und sich an deinen guten Taten erfreuen. Du willst reich werden, damit du einen nicht unwesentlichen Beitrag dazu leisten kannst, der Welt bei der Suche nach der Wahrheit zu helfen.

Doch vergiss nicht, dass extreme Selbstlosigkeit keinen Deut besser oder edler ist als extremer Egoismus; beides ist falsch.

Werde die Vorstellung los, Gott verlange deine Aufopferung für andere, damit du dir seines Wohlwollens sicher sein kannst. Gott fordert nichts dergleichen. Was Gott erwartet ist, dass du das Beste aus dir, für dich selbst und für andere machst. Außerdem kannst du anderen am besten helfen, indem du das Beste aus dir machst. Du kannst aber nur dann das Beste aus dir machen, wenn du reich wirst; daher ist es richtig und lobenswert, dass du deinen ersten und besten Gedanken auf die Arbeit des Geldverdienens richtest.

Denke aber auch daran, dass das Verlangen der Substanz für *alle* Lebewesen gilt, und jede ihrer Bewegungen bedingen mehr Leben für alle. Sie kann nicht genötigt werden, für irgendeines ihrer Geschöpfe weniger Leben zu bewirken, denn sie ist für alle gleichermaßen da, Reichtümer und Leben spendend.

Die Intelligente Substanz wird Dinge für dich erschaffen, aber sie wird diese Dinge nicht einer anderen Person wegnehmen, um sie dir zu geben.

Gib dein Konkurrenzdenken auf. Du sollst erschaffen, nicht mit etwas konkurrieren, das bereits erschaffen wurde.

Du musst niemandem etwas wegnehmen.

Du musst nicht hart um etwas feilschen.

Du musst nicht betrügen oder jemanden übervorteilen.

Du hast es nicht nötig, irgendjemanden für dich arbeiten zu lassen und ihm dann weniger zu geben als er verdient.

Du hast es nicht nötig, das Eigentum anderer zu begehren oder es mit sehnsüchtigen Blicken anzuschauen. Niemand besitzt irgendetwas, von dem du nicht dasselbe haben kannst – ohne dass du es ihm wegnehmen musst.

Du sollst ein Schöpfer werden, nicht ein Konkurrent. Du wirst alles bekommen, was du willst, und wenn du es bekommst, wird jeder andere mit dir in Verbindung stehende Mensch mehr besitzen als vorher.

Ich bin mir bewusst, dass es Leute mit unermesslich viel Geld gibt, die im direkten Widerspruch zu den oben genannten

Prinzipien verfahren, und möchte daher ein erklärendes Wort hinzufügen.

Menschen dieses Genres, die sehr reich werden, schaffen dies manchmal rein durch ihre außergewöhnlichen Talente auf wettbewerblicher Ebene; dabei nehmen sie unbewusst Beziehung zur Substanz auf und deren großartigen Plänen und Bemühungen, das allgemeine Wirtschaftswachstum mit Hilfe der industriellen Revolution anzukurbeln.

Rockefeller, Carnegie, Morgan und andere sind unbewusst die Beauftragten des Allerhöchsten in der notwendigen Arbeit, eine produktive Industrie zu systematisieren und zu organisieren. Am Ende werden sie einen immensen Beitrag zum Wohle aller geleistet haben. Doch ihre Tage sind fast gezählt. Sie haben die Produktion organisiert und werden nun von den Vertretern der breiten Bevölkerung abgelöst, die die Maschinerie der Distribution in Gang zu setzen haben.

Sie ähneln den Monsterreptilien aus prähistorischen Zeiten. Im evolutionären Prozess spielen sie einen notwendigen Part, doch die gleiche Macht, die sie jetzt benutzt, wird sich ihrer auch wieder entledigen. Zudem sollte man nicht vergessen, dass sie niemals *wahrhaft* reich gewesen sind; Aufzeichnungen über die Privatleben der meisten ihrer Klasse zeigen, wie niederträchtig und erbärmlich sie doch in Wirklichkeit waren.

Reichtümer, die auf der Ebene des Wettbewerbs angesammelt werden, sind niemals zufriedenstellend und dauerhaft. Heute gehören sie dir und morgen jemand anderem.

Merke dir, wenn du auf wissenschaftlichem und sicherem Wege reich werden willst, musst du dem Wettbewerbsgedanken gänzlich abschwören. Du darfst dir keinen Moment lang vorstellen, das Angebot wäre begrenzt. Sobald du anfängst zu denken, alles Geld werde von anderen »beherrscht« und kontrolliert und du müsstest dringend etwas tun, um diesen Zustand durch Gesetze usw. zu stoppen, in diesem Moment verfällst du ins Konkurrenzdenken und mit deiner Schöpfungskraft ist es fürs Erste vorbei.

Schlimmer noch, wahrscheinlich wirst du die kreativen Prozesse, die du bereits angestoßen hast, zum Halten bringen.

WISSE, dass in den Tiefen der Erde Gold im Wert von unzähligen Millionen Dollar lagern, die noch nicht ans Licht befördert wurden. Und wisse, dass wenn dem nicht so wäre, zusätzliches Gold von der Denksubstanz erschaffen würde, um alle deine Bedürfnisse zu stillen.

WISSE, dass alles Geld, das du brauchst, kommen wird, selbst wenn morgen tausend Männer zur Erschließung neuer Goldminen losgeschickt werden müssten.

Schaue niemals auf den sichtbaren Vorrat. Schaue stets auf die unbegrenzten Reichtümer in der Formlosen Substanz, und WISSE, dass sie zu dir kommen – so schnell, wie du sie empfangen und verbrauchen kannst. Niemand kann dich hindern, beispielsweise durch eine Kontrolle sichtbarer Vorräte, das zu bekommen, was dein ist.

Lasse daher niemals auch nur einen Moment lang die Befürchtung zu, alle Grundstücke seien bereits vergeben, bevor du bereit bist, dein Haus zu bauen – und du müsstest dich jetzt gar mächtig beeilen. Mache dir niemals Sorgen über die Kartelle und multinationalen Konzerne und werde auch nicht nervös vor lauter Bangen, sie könnten demnächst die ganze Erde besitzen. Fürchte dich niemals davor, das verlieren zu können was du dir wünschst, weil ein anderer es dir vor der Nase wegschnappen könnte. Das kann unmöglich geschehen.

Du suchst nichts, das bereits von einem anderen Menschen besessen wird; was du haben willst, lässt du von der Formlosen Substanz erschaffen, und dieser Vorrat ist unbegrenzt. Halte dich an die vorformulierte Aussage:

Es existiert ein Denkstoff, aus dem alle Dinge gemacht sind und der, in seinem Urzustand, die Zwischenräume des Universums durchdringt und ausfüllt.

Ein Gedanke in dieser Substanz produziert den Gegenstand oder die Situation, die vorher als geistiges Bild mittels dieses Gedankens entworfen wurde.

Eine Person kann Gegenstände und Situationen gedanklich formen und, indem sie ihre Gedanken der Formlosen Substanz einprägt, veranlassen, dass die gedachten Gegenstände und Situationen zur Realität werden.

Kapitel 6
Wie Reichtümer zu dir kommen

WENN ICH sage, dass du die Feilscherei nicht nötig hast, so meine ich nicht, dass du überhaupt keinen Handel betreiben oder über jedem Bedürfnis stehen sollst, Geschäfte mit deinen Mitmenschen zu tätigen. Ich meine damit, dass du nicht auf unfaire Weise mit ihnen umgehen sollst.

Versuche nicht, etwas für nichts zu bekommen, sondern gib jedem Menschen mehr, als du von ihm nimmst.

Natürlich kannst du keiner Person mehr an Geldwert geben als du von ihr nimmst, aber du kannst ihr einen Gebrauchswert geben, der größer ist als der Barwert des Gegenstandes, den du von ihr bekommen hast.

Das Papier, die Druckerschwärze und andere Materialien dieses Buches mögen nicht das Geld wert sein, das du dafür bezahlt hast, doch wenn die im Buch vorgestellten Ideen dir viele tausend Dollar einbringen, dann wurdest du von denen, die es dir verkauften, nicht unfair behandelt. Sie haben dir einen großartigen Gebrauchswert für einen kleinen Barwert gegeben.

Nehmen wir an, ich besäße das Gemälde eines berühmten Künstlers, das in wohlhabenden Gesellschaftskreisen zigtausend Dollar wert ist. Ich nehme es mit nach Grönland und überrede voller »Geschäftstüchtigkeit« einen einheimischen Fallensteller, mir dafür ein Bündel Tierfelle im Wert von 500 Dollar zu geben. Ich habe ihn zweifellos übervorteilt, denn er kann mit dem Bild nichts anfangen. Es hat für ihn keinen Gebrauchswert; es wird seinem Leben nichts hinzufügen. Doch angenommen ich gäbe ihm ein Gewehr für seine Felle, das 50 Dollar wert ist. Dann hat er keinen schlechten Handel gemacht, denn er kann das Gewehr gebrauchen. Es wird ihm viele weitere Felle einbringen und eine Menge Nahrung, es wird in jeder Hinsicht eine Bereicherung für sein Leben sein. Es wird ihn reich machen.

Wenn du von der konkurrierenden zur kreativen Ebene aufsteigst, wirst du sehr viel strikter auf deine Geschäftspraktiken achten; wenn du dann einer Person etwas verkaufst, das nicht mehr zu ihrem Leben beiträgt als das, was sie dir im Austausch dafür gibt, kannst du es dir leisten, auf die Transaktion zu verzichten. Du musst in deinem Geschäft niemanden übervorteilen. Und wenn du in einem Geschäft tätig bist, das Leute übervorteilt, dann steig sofort aus. Gib jedem mehr an Gebrauchswert, als du von ihm an Geldwert nimmst. Dann trägst du mit jedem Geschäft zur Fortentwicklung der Welt bei.

Wenn du Leute für dich arbeiten hast, musst du mehr an Geldwert von ihnen nehmen als du ihnen an Lohn zahlst, aber du kannst dein Geschäft so organisieren, dass es das Prinzip der Beförderung berücksichtigt; somit kann jeder Angestellte ständig ein wenig mehr befördert werden.

Du kannst veranlassen, dass dein Geschäft für deine Angestellten tut, was dieses Buch für dich tut. Du kannst dein Geschäft so führen, dass es eine Art Leiter darstellt, auf der jeder fleißige Angestellte selbst zu Wohlstand kommen kann. Und tut er das trotz der gebotenen Möglichkeiten nicht, dann ist es nicht dein Verschulden.

Und zum Schluss: Obwohl die Erschaffung deiner Reichtümer aus der Formlosen Substanz, die deine gesamte Umwelt durchdringt, grundsätzlich und absolut möglich ist, sollte daraus nicht gefolgert werden, dass die Reichtümer einfach so aus der Luft geflogen kommen und sozusagen vor deinen Augen Gestalt annehmen.

Wenn du beispielsweise eine Nähmaschine benötigst, meine ich nicht dir gesagt zu haben, du müsstest der Denksubstanz lediglich deinen Gedanken über eine Nähmaschine einprägen und schon würde die Maschine aus dem Nichts auftauchen.

Wenn du wirklich eine Nähmaschine willst, dann halte ihr mentales Bild – mit der positivsten Bestimmtheit, dass sie gerade hergestellt wird oder schon auf dem Weg zu dir ist – in Gedanken fest. Nachdem du einmal den Gedanken geformt hast, musst du den absoluten und bedingungslosen Glauben haben, dass die Nähmaschine auf dem Weg zu dir ist.

Denke oder rede niemals von ihr auf irgendeine andere Weise als der, dass du dir über ihre Ankunft völlig sicher bist. Beanspruche sie als bereits dir gehörig.

Sie wird dir durch die Macht der Höchsten Intelligenz gebracht, die auf das Denken der Menschen reagiert.

Wenn du in Maine lebst, könnte es passieren, dass eine Person aus Texas oder Japan angereist kommt, um ein Geschäft mit dir abzuschließen, dessen Ergebnis exakt deinem Wunsch entspricht. In solch einem Fall wird die ganze Angelegenheit sowohl zum Vorteil dieser Person gereichen wie zu deinem eigenen.

Vergiss nicht für einen Moment, dass die Denksubstanz durch alle, in allen, mit allen kommuniziert und alle beeinflussen kann. Das Verlangen der Denksubstanz nach einem volleren Leben und besseren Lebensbedingungen *hat* die Erzeugung aller bereits hergestellten Nähmaschinen verursacht, *kann* die Herstellung vieler weiterer Millionen Maschinen anstoßen – und *wird* es tun, wann immer Menschen die Denksubstanz durch Verlangen und Glauben in Bewegung setzen und nach einer bestimmten Methode vorgehen.

Du kannst mit hundertprozentiger Sicherheit eine Nähmaschine in deinem Haus haben, so sicher wie du jedes andere Ding oder alle Dinge haben kannst, die du dir wünschst und die du zur Weiterentwicklung deines eigenen Lebens und den Leben anderer benötigst.

Zögere nicht, um Großes zu bitten. »Es ist deines Vaters Wohlgefallen, dir das Königreich zu geben«, sagte Jesus.

Originäre Substanz will das höchste und beste Leben für dich und möchte, dass du alles bekommst, was du für ein Leben in Überfluss gebrauchen kannst und willst.

Wenn du deinem Bewusstsein die Tatsache einprägst, dass dein Verlangen nach dem Besitz von Reichtümern im Einklang steht mit dem Verlangen der Höchsten Macht nach einem vollendeten Ausdruck, dann wird dein Glaube unbesiegbar.

Einmal sah ich einen kleinen Jungen am Piano sitzen; vergeblich versuchte er, den Tasten harmonische Klänge zu entlocken. Ich merkte, dass er frustriert war und sich von seiner Unfähigkeit, richtige Musik zu spielen, provoziert fühlte. Ich fragte ihn nach dem Grund seines Verdrusses, und er antwortete:»Ich kann die Musik in mir fühlen, aber ich kann meine Hände nicht richtig spielen lassen.«

Die Musik in ihm war der DRANG der Ursubstanz, der alle Möglichkeiten allen Lebens enthielt. Alles, was es an Musik gibt, suchte sich seinen Ausdruck durch das Kind.

Gott, die Eine Substanz, versucht durch die Menschheit zu leben, zu wirken und sich ihrer zu erfreuen.

Er sagt:»Ich will Hände, um wundervolle Strukturen zu bauen, göttliche Harmonien zu spielen und herrliche Bilder zu malen. Ich will Füße, um meine Besorgungen zu machen, Augen, um meine Schönheiten zu sehen, Zungen, um gewaltige Wahrheiten zu verkünden und großartige Lieder zu singen«, und so weiter.

Alles, was es an Möglichkeiten gibt, sucht sich seinen Ausdruck durch Menschen. Gott will, dass alle, die Musik spielen können, Pianos und jedes andere Instrument ihrer Wahl bekommen, wie auch die Gelegenheiten, ihre Talente in vollstem Umfang zu kultivieren. Er will, dass alle, welche die Schönheit zu würdigen wissen, sich mit schönen Dingen umgeben können. Er will, dass alle, die die Wahrheit erkennen können, jede nur erdenkliche Gelegenheit zum Reisen und Sightseeing haben. Er will, dass alle, die eine gepflegte Garderobe schätzen, elegant gekleidet werden und dass alle, die gutes Essen schätzen, luxuriös speisen können.

Er will alle diese Dinge, weil er selbst es ist, der sich an ihnen erfreut und sie wertschätzt; sie sind seine Schöpfung. Es ist Gott, der spielen, singen und die Schönheit genießen will, der die Wahrheit verkünden, feine Kleider und gute Speisen essen will. »Es ist Gott, der durch dich arbeitet, dass du willst und tust«, sagte der Apostel Paulus.

Das in dir gefühlte Verlangen nach Reichtümern ist der Unendliche, der sich durch dich ausdrücken möchte, so wie er versuchte, sich durch den kleinen Jungen am Piano auszudrücken.

Du musst also nicht zögern, nach Großem zu fragen.

Dein Part ist es, dich auf dein Verlangen zu fokussieren und es Gott gegenüber auszudrücken.

Für die meisten Leute ist das ein schwieriger Punkt. Tief in ihrem Innern haben sie noch etwas von dieser antiquierten Idee gespeichert, dass Armut und Selbstaufopferung Gott wohlgefallen würde. Sie sehen Armut als einen Teil des Plans, eine Notwendigkeit der Schöpfung.

Sie vertreten die Ansicht, Gott habe seine Arbeit erledigt und alles erschaffen, was erschaffen werden konnte, und dass die Mehrheit der Menschen arm bleiben müsse, weil es nicht genug für alle gäbe. Dieser irrige Gedanke hat sich so tief bei ihnen festgesetzt, dass sie sich schämen, nach Wohlstand zu fragen. Sie versuchen, nicht mehr zu wollen als eine sehr moderate Befähigung, die gerade ausreicht, um es sich einigermaßen bescheiden einzurichten.

Ich erinnere mich soeben an einen unserer Studenten, dem gesagt worden war, er müsse ein klares Bild der gewünschten Dinge in seinem Bewusstsein formen, so dass der kreative Gedanke an sie der Formlosen Substanz eingeprägt werden könne.

Er war ein sehr armer Mann, der in einem gemieteten Haus lebte und nur das hatte, was er von einem Tag auf den anderen verdiente; er konnte die Tatsache nicht begreifen, dass aller

Wohlstand sein war. Nachdem er sich dann aber die Sache durch den Kopf gehen ließ, entschied er, es auf einen Versuch ankommen lassen zu können und zumindest um einen neuen Teppich für sein Wohnzimmer und einen Heizofen zu bitten. Er folgte den Anweisungen dieses Buches und erwarb die beiden Gegenstände innerhalb weniger Monate.

Und da dämmerte ihm plötzlich, dass er um viel zu wenig nachgefragt hatte.

Er ging durch das Haus und stellte sich sämtliche Verbesserungen vor, die ihm in den Sinn kamen. In seiner Fantasie fügte er hier ein Erkerfenster ein und dort ein weiteres Zimmer, bis das für ihn ideale Heim komplettiert war; anschließend plante er die Möbeleinrichtung.

Nachdem er das gesamte Bild in seinem Bewusstsein aufgebaut hatte, begann er, auf eine bestimmte Art und Weise zu leben und sich auf das hinzubewegen, was er wollte. Heute gehört das Haus ihm und er ist dabei, es gemäß der Form seines mentalen Bildes zu renovieren.

Und nun geht er daran, in noch größerem Glauben sich noch viel größere Dinge zu beschaffen.

Ihm ist geschehen nach seinem Glauben... doch ebenso kann es mit dir sein – und mit allen von uns.

Kapitel 7

Dankbarkeit

WIE IM vorherigen Kapitel erläutert, besteht der erste Schritt zum Reichwerden aus der Übermittlung deiner Wunschgedanken an die Formlose Substanz.

Das stimmt, aber noch etwas gilt es zu beachten: Du musst zugleich sicherstellen, dass du mit der Formlosen Intelligenz auch in einer harmonischen Beziehung stehst.

Die Herstellung dieser harmonischen Beziehung ist von solch grundlegender und vitaler Bedeutung, dass ich dem Thema an dieser Stelle einigen Raum widmen möchte. Die folgenden Anweisungen werden dich – wenn du sie befolgst – ganz sicher in eine perfekte geistige Übereinstimmung mit der Höchsten Macht (oder Gott) bringen.

Der gesamte Prozess der geistigen Anpassung und Einstimmung kann in einem Wort zusammengefasst werden: Dankbarkeit.

Erstens, du glaubst an eine Intelligente Substanz, von der alle Dinge ausgehen.

Zweitens, du glaubst, dass diese Substanz dir alles gibt, was du dir wünschst.

Und drittens, du setzt dich in Beziehung zu ihr durch ein Gefühl tiefer und profunder Dankbarkeit.

Viele Leute, die ihr Leben in allen anderen Bereichen tadellos geordnet haben, bleiben dennoch in Armut gefangen – ihnen fehlt es an Dankbarkeit.

Nachdem sie ein Geschenk Gottes empfangen haben, durchschneiden sie ihre Verbindungsdrähte zu ihm, weil sie die dankende Bestätigung unterlassen.

Es ist leicht zu verstehen: Je näher wir an der Quelle des Wohlstands leben, desto mehr Wohlstand erhalten wir. Ebenso leicht verständlich ist, dass eine stets dankbare Seele in viel engerer Verbindung mit Gott steht als eine andere, die ihm niemals Dank zukommen lässt.

Je dankbarer wir unsere Herzen auf das Höchste ausrichten, wenn gute Dinge uns erreichen, umso mehr gute Dinge werden wir empfangen und umso schneller werden sie zu uns kommen.

Der Grund ist einfach der, dass die geistige Haltung der Dankbarkeit unseren Geist immer näher an die Quelle heranzieht, von der die Segnungen kommen.

Wenn es eine neue Einsicht für dich sein sollte, dass Dankbarkeit dein gesamtes Selbst in größere Harmonie mit den kreativen Energien des Universums bringt, dann denke sorgfältig darüber nach und du wirst erkennen, dass es wahr ist.

Die guten Dinge, die du bereits besitzt, sind nur zu dir gekommen, weil du unbewusst bestimmte Gesetze eingehalten hast.

Dankbarkeit wird dein Bewusstsein entlang der Wege leiten, auf denen das Gute zu dir kommt, und Dankbarkeit wird dich in enger Beziehung mit dem kreativen Denken halten und dich davor bewahren, in Konkurrenzdenken zu verfallen.

Allein Dankbarkeit kann bewirken, dass du nach dem Überfluss Ausschau hältst und die irrtümliche Vorstellung ablegst, die Vorräte seien begrenzt – dies zu denken wäre nämlich fatal für deine Erwartungen. Es gibt ein Gesetz der Dankbarkeit, und es ist absolut notwendig, dass du dieses Gesetz beachtest, um die gewünschten Resultate auch zu erzielen.

Das Gesetz der Dankbarkeit ist das natürliche Prinzip, dass Aktion und Reaktion sich immer entsprechen und in entgegengesetzte Richtungen wirken.

Deine der Höchsten Intelligenz mit Lob und Dank übermittelte Verbundenheit bedeutet die Befreiung oder Auslösung einer gewaltigen Energie. Sie kann den Empfänger nicht verfehlen, für den sie bestimmt ist, und die Reaktion ist eine augenblickliche Bewegung zu dir hin.

»Rücke näher zu Gott, und er wird näher zu dir rücken.« Dies ist eine psychologisch wichtige und wahre Aussage. Wenn deine Dankbarkeit groß und beständig ist, wird die Reaktion in der Formlosen Substanz ebenfalls stark und kontinuierlich ausfallen; die Gegenstände oder Situationen, die du dir wünschst, werden sich immer zu dir hin bewegen.

Doch der Wert der Dankbarkeit besteht nicht nur darin, dass dir künftig mehr Segnungen zuteil werden. Ohne Dankbarkeit kannst du dich auch nicht vor unzufriedenem Denken über die Dinge, wie sie nun einmal sind, schützen.

In dem Moment, wo du deinem Denken erlaubst, mit Unmut auf die täglichen Ereignisse in der Welt zu reagieren, fängst du an, Boden zu verlieren. Du fixierst deine Aufmerksamkeit auf das Gewöhnliche, das Armselige, das Schmutzige und das Gemeine – und dein Gemüt übernimmt die Formen dieser Dinge. Dann wirst du diese Formen oder mentale Bilder an das Formlose übermitteln. Und das Gewöhnliche, das Armselige, das Schmutzige und das Gemeine werden zu dir kommen.

Wer seinem Geist erlaubt, sich mit Minderwertigem zu beschäftigen, läuft zwangsweise Gefahr, selbst minderwertig zu werden und sich mit minderwertigen Dingen zu umgeben.

Umgekehrt heißt das: **Indem man seine Aufmerksamkeit nur auf das Beste richtet, umgibt man sich auch mit dem Besten und wird zum Besten. Die kreative Macht in uns macht uns zu dem Abbild, auf das wir unsere Aufmerksamkeit richten.**

Auch wir bestehen aus Denksubstanz, und Denksubstanz nimmt immer die Form dessen an, was sie denkt.

Das dankbare Gemüt ist konstant auf das Beste fixiert. Daher tendiert es auch zum Besten hin. Es übernimmt Form und Charakter des Besten und wird daher das Beste erhalten.

Auch der Glaube ist aus der Dankbarkeit geboren. Ein dankbares Gemüt erwartet ständig gute Dinge, und Erwartung wird Glaube. Die Reaktion des eigenen Gemüts auf die Dankbarkeit produziert Glauben, und jede ausgesandte Welle aufrichtiger Danksagung verstärkt diesen Glauben.

Eine Person, die kein Gefühl der Dankbarkeit aufbringt, kann nicht allzu lang einen lebendigen Glauben behalten, und ohne einen lebendigen Glauben kann man nicht durch die kreative Methode reich werden, wie wir in den nachfolgenden Kapiteln sehen werden.

Somit ist es notwendig, die Gewohnheit der Dankbarkeit für alles dir zugehende Gute zu pflegen und beständig zu danken. Und weil alle Dinge zu deiner Weiterentwicklung beigetragen haben, solltest du auch alle Dinge in deine Dankbarkeit einbeziehen.

Verschwende keine Zeit darauf, über die Unzulänglichkeiten oder das Fehlverhalten der Machthabenden nachzudenken oder zu sprechen. Aus ihrer Organisation der Welt erwachsen deine Möglichkeiten; alles, was du bekommst, kommt auch ihretwegen zu dir.

Ärgere dich nicht über korrupte Politiker. Gäbe es die Politiker nicht, würden wir in Anarchie verfallen und deine Chancen wären deutlich verringert.

Gott hat lange Zeit und sehr geduldig gearbeitet, um uns dorthin zu bringen, wo wir uns heute in Politik und Wirtschaft befinden, und er wird seine Arbeit genau so weiterführen. Es gibt nicht den geringsten Zweifel, dass er sich der Plutokraten, Kartellbosse, Industriekapitäne und Politiker entledigen wird, sobald sie überflüssig werden, doch im Augenblick sind sie noch ziemlich unentbehrlich.

Denke stets daran, sie alle helfen bei der Bereitstellung der Verbindungswege, über die deine Reichtümer zu dir fließen werden; sei also dankbar. Eine solche Haltung wird dich in harmonische Übereinkunft mit dem Guten in allem bringen, und das Gute in allem wird sich zu dir hin bewegen.

Kapitel 8
Nach der bestimmten Methode denken

GEH ZURÜCK zu Kapitel 6 und lies nochmals die Geschichte des Mannes, der ein geistiges Bild seines neuen Hauses formte, und du bekommst eine recht gute Vorstellung vom ersten Schritt zum Reichwerden. Du musst dir ein klares und definitives geistiges Bild von dem formen, was du willst. Du kannst eine Idee nicht weitergeben, es sei denn du hast sie selbst.

Du musst dir deine Ideen detailliert ausmalen, bevor du sie weitergibst. Viele Leute scheitern damit, die Denksubstanz zu beeindrucken, weil sie selbst nur ein vages und nebulöses Konzept der Dinge haben, die sie tun, besitzen oder werden möchten.

Es ist nicht genug, ein allgemeines Verlangen nach Reichtum zu haben, um damit »Gutes zu tun«.

Jeder hat dieses Verlangen.

Es reicht nicht aus, reisen und neue Dinge sehen zu wollen, sich ein besseres Leben zu wünschen usw.

Auch jeder andere hat diese Wünsche.

Wenn du ein Telegramm an einen Freund schickst, würdest du weder die Buchstaben des Alphabets in ihrer Reihenfolge eingeben und ihn die Botschaft selbst zusammenstellen lassen, noch würdest du wahllos Wörter aus dem Duden herauspicken. Du würdest einen zusammenhängenden Satz übermitteln, der Sinn macht.

Wenn du deine Wünsche der Denksubstanz einzuprägen versuchst, so denke daran, dass dies als schlüssige Aussage geschieht. Du musst wissen, was du willst, und sehr *spezifisch* und *bestimmt* sein.

Du kannst niemals reich werden oder die Kreative Macht zum Handeln veranlassen, indem du unformulierte Sehnsüchte und vage Wünsche aussendest.

Lass dir jeden einzelnen deiner Wünsche durch den Kopf gehen, so wie der oben erwähnte Mann sich mit seinem Haus beschäftigte. Stell dir genau das vor, was du willst – damit du ein klares geistiges Bild davon hast, wie es aussehen soll, wenn du es bekommst.

Diese klare mentale Bild musst du beständig in deinem Bewusstsein tragen. So wie ein Seemann den Hafen, den er im Begriff ist anzusteuern, schon vor seinem geistigen Auge sieht, so musst du deine Gedanken beständig nach deinem mentalen Bild ausrichten. Du darfst es genauso wenig aus dem Auge verlieren wie ein Steuermann seinen Kompass.

Es ist nicht notwendig, Konzentrationsübungen zu veranstalten oder besondere Zeiten für Gebet und Affirmationen einzurichten oder »in die Stille zu gehen«, noch werden okkulte Tricks irgendwelcher Art vorausgesetzt. Einige dieser Maßnahmen sind nicht unbedingt schlecht, doch alles was du wissen musst, ist *was* du willst und *dass* du es unbedingt willst, damit es in deinen Gedanken fest verankert ist.

Verbringe so viel von deiner freien Zeit wie du kannst mit dem Betrachten deines Bildes. Niemand hingegen muss Übungen durchführen, um sein Bewusstsein auf etwas zu konzentrieren, das er unbedingt will. Es sind die Dinge, die dich in der Regel *nicht* kümmern, denen du deine besondere Aufmerksamkeit widmen solltest.

Willst du *wirklich* reich werden? Ist dein Verlangen so stark, dass deine Gedanken auf den Zweck gerichtet bleiben – wie der magnetische Pol die Nadel des Kompasses fixiert hält? Wenn nicht, macht es wenig Sinn, dass du die in diesem Buch gegebenen Anweisungen versuchst auszuführen.

Die hier vorgestellten Methoden sind für Menschen bestimmt, deren Wunsch nach Reichtümern stark genug ist, um geistige Trägheit und den Hang zur Bequemlichkeit zu überwinden und sie zur erfolgreichen Anwendung zu bringen.

Je klarer und eindeutiger du dein Bild also ausformst und je länger du dabei verweilst, indem du all seine faszinierenden Einzelheiten betrachtest, umso stärker wird dein Verlangen sein. Und je stärker dein Verlangen, umso leichter wirst du dein Bewusstsein auf das Bild dessen, was du willst, fixiert halten können.

Etwas mehr ist allerdings vonnöten, als nur das klare Bild zu sehen. Wenn du mehr nicht tust, dann bist du bloß ein Träumer und wirst wenig oder keine Kraft zu seiner Ausführung haben.

Hinter deiner klaren Vision muss die ZIELSETZUNG stehen, sie verwirklichen zu wollen, sie in eine konkrete Manifestation umwandeln zu wollen.

Und hinter dieser Zielsetzung muss ein unbesiegbarer und standhafter GLAUBE stehen, dass das Ergebnis bereits dein ist, dass es schon auf dich wartet und du es nur noch in Besitz nehmen musst.

Lebe mental in dem neuen Haus, bis es physisch um dich herum an Form gewinnt. In der mentalen Welt kannst du die Dinge, die du dir wünschst, sofort voll genießen.

»Um was auch immer ihr bittet im Gebet, glaubet, dass ihr es empfanget, und es wird euch gegeben werden«, sagte Jesus.

Sieh die Dinge, die du willst, als ob sie tatsächlich schon die ganze Zeit um dich wären.

Sieh dich selbst, wie du sie besitzt und sie benutzt. Gebrauche sie in deiner Vorstellung, gerade so wie du sie gebrauchen würdest, wenn sie in deinem greifbaren Besitz wären. **Verweile über deinem mentalen Bild, bis es klar und deutlich ist und ergreife dann geistigen Besitz von allem, was du in dem Bild siehst.**

Nimm es in Besitz, im Geist, im vollen Glauben, dass es tatsächlich dir gehört. Halte an dieser geistigen Eigentümerschaft fest. Lass dich nicht einen Augenblick von deinem Glauben an seine reale Existenz abbringen.

Und erinnere dich, was in einem der vorhergehenden Kapitel über die Dankbarkeit gesagt wurde: Sei immer gleichbleibend dankbar für alles, egal ob du es noch erwartest oder nachdem es bereits Form angenommen hat. Die Person, die Gott aufrichtig danken kann für die Dinge, die sie zunächst nur in ihrer Einbildung besitzt, hat wirklichen Glauben.

Sie wird reich werden.

Ihr wird die Erschaffung von allem, was sie sich wünscht, gelingen.

Du musst nicht in ständiger Wiederholung für die gewünschten Dinge beten. Es ist nicht notwendig, Gott täglich daran zu erinnern.

Deine Aufgabe besteht darin, deine Wünsche für all die Dinge, die ein erfülltes Leben ermöglichen, intelligent zu formulieren und dann die Einzelwünsche in ein zusammenhängendes Ganzes zu ordnen, um anschließend dieses gesamte Verlangen der Formlosen Substanz einzuprägen, die die Macht und den Willen hat, dir zu bringen, was du willst.

Du machst diesen Eindruck nicht durch das Wiederholen von Worthülsen; du machst ihn, indem du deine Vision mit dem unerschütterlichen VORSATZ der Zielerreichung aufrecht erhältst sowie dem standhaften GLAUBEN, dass du an dein Ziel gelangen wirst.

Die Antwort auf Gebet entsprechend deinem Glauben erfolgt nicht während du *redest*, sondern während du *arbeitest*.

Du kannst das Bewusstsein Gottes nicht beeindrucken, indem du einen besonderen Gebetstag für deine Wünsche an ihn einrichtest und ihn dann für den Rest der Woche vergisst.

Du kannst ihn nicht beeindrucken, indem du spezielle Gebetsstunden in deinen Tagesplan einbaust und anschließend die Sache aus deinem Bewusstsein verbannst, bis die Stunde des Gebets erneut naht.

Mündliches Gebet ist gut genug und hat seine Wirkung, es hilft vor allem dir selbst bei der Verdeutlichung deiner Vision und

Stärkung deines Glaubens, aber es sind nicht die mündlichen Petitionen, die dir das bringen, was du willst.

Um reich zu werden, brauchst du keine »süße Gebetsstunde«, du musst »beten ohne Unterlass«. Und mit Beten meine ich *das beständige Festhalten an deiner Vision, mit dem Ziel, sie in eine feste Form umzuwandeln und dem Glauben, dass du genau das tun wirst.*

»Glaubet, dass ihr es empfangen werdet.«

Hast du erst einmal deine Vision klar definiert, wendet sich die ganze Angelegenheit dem *Empfangen* zu. Nachdem du die Vision ausgeformt hast, genügt eine an den Höchsten gerichtete mündliche Äußerung der Dankbarkeit.

Von diesem Augenblick an musst du dann im Geist empfangen, um was du gebeten hast.

Wohne in deinem neuen Haus, trage schöne Kleider, fahre dein Traumauto, mache den Ausflug und plane zuversichtlich größere Reisen. Denke und sprich über all die Dinge, die du dir als ihr eigentlich schon heutiger Besitzer gewünscht hast. Stell dir eine Umgebung und eine finanzielle Situation vor, die genau deinen Wünschen entsprechen und »lebe« solange in dieser geistigen Umgebung und finanziellen Situation, bis sie physisch Gestalt angenommen haben.

Bedenke jedoch, dass du dies nicht als bloßer Träumer oder Erbauer von Luftschlössern tust. Halte an dem GLAUBEN fest, dass das Imaginäre im Begriff ist, realisiert zu werden und behalte das ZIEL im Auge, es zu realisieren.

Erinnere dich daran, dass beim Gebrauch der Vorstellungskraft der Glaube und die feste Absicht den Unterschied machen zwischen einem Wissenschaftler und einem Träumer.

Nachdem du diese Fakten nun gelernt hast, wollen wir uns dem richtigen Gebrauch des Willens zuwenden.

Kapitel 9
Über den richtigen Gebrauch des Willens

WENN DU damit anfängst, auf eine bestimmte Art und Weise reich zu werden, versuchst du nicht, deine Willenskraft auf irgendetwas außerhalb deiner selbst zu richten.

Du hast übrigens auch kein Recht, das zu tun. Du übst deinen Willen nicht auf andere Männer und Frauen aus, um sie das tun zu lassen, was du von ihnen wünschst.

Menschen durch mentale Kraft zum unfreiwilligen Handeln zu nötigen ist genauso abscheulich, als würde man sie durch physischen Druck zu etwas zwingen. Beides reduziert sie zum Sklaventum; der einzige Unterschied besteht in den Methoden. Wenn es Diebstahl ist, den Leuten durch körperliche Gewalt etwas abzunehmen, dann trifft dies ebenso gut auf mentale Beeinflussung zu. Im Prinzip ist es dasselbe.

Du hast kein Recht, deine Willenskraft über eine andere Person auszuüben, auch nicht »für ihr eigenes Bestes«, denn du kannst gar nicht wissen, was ihrem Besten dient. Die Wissenschaft des Reichwerdens fordert nicht von dir, Gewalt oder Kraft über irgendeine andere Person auszuüben, auf welche Weise auch immer. Es besteht nicht die geringste Notwendigkeit, das zu tun. In der Tat würde jeder Versuch, deinen Willen anderen aufzuzwingen, seine Zwecke verfehlen.

Du brauchst deinen Willen nicht über Dinge erzwingen und sie auf diese Weise veranlassen, zu dir zu kommen. Das würde schlicht und einfach bedeuten, Gott zu nötigen – ein törichter und nutzloser Versuch. Ebenso wenig würdest du es schaffen, mit deiner Willenskraft die Sonne aufgehen zu lassen.

Du musst deine Willenskraft nicht aufbringen, um eine dir unfreundlich gesonnene Gottheit zu besiegen oder widerspenstige und rebellische Kräfte zu veranlassen, nach deiner Pfeife zu tanzen. Die Substanz ist dir gegenüber freundlich eingestellt und viel mehr darauf bedacht, dir zu geben was du willst, als du selbst darauf bedacht bist, es zu bekommen.

Um reich zu werden, musst du deine Willenskraft nur *über dich selbst* ausüben.

Wenn du weißt, was zu überlegen und zu tun ist, dann musst du deinen Willen benutzen, um dich selbst dazu zu bringen, die richtigen Dinge zu tun. Durch den legitimen Gebrauch des Willens erlangst du das, was du dir wünschst – du benutzt ihn, um dich auf dem richtigen Kurs zu halten.

Benutze deinen Willen, um auf die bestimmte Art und Weise zu denken und zu handeln.

Versuche nicht, deinen Willen, deine Gedanken oder dein Bewusstsein ins All zu projizieren, um auf Dinge oder Leute »einzuwirken«. Behalte dein Bewusstsein zu Hause. Hier kann es mehr erreichen als irgendwo sonst.

Benutze deinen Verstand, um ein geistiges Bild dessen zu formen, was du dir wünschst, und halte an diese Vision glaubend und vorsätzlich fest. Und benutze deinen Willen, um deinen Verstand auf die *richtige* Art und Weise arbeiten zu lassen.

Je standhafter und kontinuierlicher dein Glaube und deine Vorsätze, desto rascher wirst du reich werden, denn du wirst nur POSITIVE Eindrücke auf die Substanz machen und nicht durch negative Eindrücke ihre Wirkung neutralisieren oder aufheben.

Das mit Glaube und Zielsetzung festgehaltene Bild deines Verlangens wird vom Formlosen aufgenommen und über riesige Entfernungen hinweg kommuniziert – durch das gesamte Universum, soweit wir wissen.

Kaum hat dieser Eindruck begonnen sich auszudehnen, werden alle Dinge zu seiner Realisierung in Bewegung gesetzt. Jedes lebende Ding, jedes unbelebte Ding und alle noch ungeschaffenen Dinge werden angeregt, das ins Dasein zu bringen, was du dir wünschst. Alle Energie beginnt, in diese Richtung hinzuarbeiten. Alle Dinge beginnen, sich auf dich zuzubewegen.

Überall werden menschliche Gemüter dahingehend beeinflusst, Dinge zu tun, die zur Erfüllung deines Verlangens notwendig sind, und sie arbeiten für dich unbewusst.

Du kannst all dies sogar überprüfen, indem du nämlich eine negative Einprägung in der Formlosen Substanz hinterlässt. Zweifel und Unglaube starten so sicher eine Bewegung *weg* von dir, wie Glaube und Zielsetzung eine Bewegung *zu dir hin* auslösen. Die meisten Menschen scheitern, weil sie genau das nicht verstehen,

Jede Stunde und jeder Augenblick, die du in Zweifeln und Ängsten verbringst, jede mit Sorgen ausgefüllte Stunde und jede Stunde, in der dein Bewusstsein im Unglauben verharrt, verursacht eine von dir wegfließende Strömung im gesamten Wirkungsbereich der Intelligenten Substanz. *Alle Verheißungen sind für die bestimmt, die glauben, und nur für diese.*

Weil der Glaube überaus wichtig ist, tust du gut daran, mit deinen Gedanken auf der Hut zu sein. Und weil deine Glaubenssätze weitestgehend durch die Dinge geformt werden, die du beobachtest und über die du ständig nachdenkst, ist es wichtig, dass du sehr sorgsam mit allem umgehst, was deine Aufmerksamkeit erregt.

Hier kommt nun der Wille zum Einsatz, denn mit deinem Willen bestimmst du, auf welche Dinge du deine Aufmerksamkeit richten sollst.

Wenn du reich werden willst, musst du kein Studium der Armut absolvieren.

Dinge werden nicht dadurch erschaffen, dass man über ihre Gegensätze nachdenkt. Gesundheit wird niemals erworben, indem man Krankheiten studiert oder über Krankheiten nachdenkt. Rechtschaffenheit wird nicht dadurch gefördert, dass man Verbrechen studiert oder über Unrecht nachdenkt; und niemand wurde jemals durch das Studium oder Nachdenken über die Armut reich.

Als eine Wissenschaft der Krankheit hat die Medizin Krankheiten vermehrt; Religion als eine Wissenschaft der Sünde hat die Sünde gefördert; und die Wohlfahrtsökonomie als eine Studie über die Armut wird die Welt mit Elend und Mangel überziehen.

Sprich nicht über Armut, untersuche sie nicht und beschäftige dich nicht mit ihr.

Kümmere dich nicht darum, was ihre Ursachen sind; du hast nichts mit ihnen zu tun.

Was dich interessiert, ist einzig das *Heilmittel*.

Verbringe deine Zeit nicht mit so genannter Wohltätigkeitsarbeit oder karitativen Betätigungen; Wohltätigkeit tendiert nur in die Richtung, das Elend zu verewigen, das es eigentlich auszumerzen sucht. Ich sage nicht, dass du hartherzig oder unfreundlich sein und dem Schrei der Not deine Ohren verschließen sollst, aber du darfst erst gar nicht versuchen, die Armut auf konventionelle Weise ausrotten zu wollen.

Wirf die Armut und alles, was mit ihr zusammenhängt, hinter dich und »bring es zu etwas«.

Werde reich. Das ist der beste Weg, den Armen zu helfen.

Du kannst das geistige Bild, das dich reich machen soll, nicht aufrechterhalten, wenn du dein Gemüt mit Bildern der Armut und aller mit ihr einhergehenden Übel ausfüllst. Lies keine Bücher oder Zeitungen, die ausführlich über das Elend der Mietskasernen-Bewohner und die Schrecken der Kinderarbeit berichten, usw. Lies nichts, was dein Gemüt mit den düsteren Bildern von Not und Leiden ausfüllt. Du kannst den Armen nicht im Geringsten helfen, wenn du von diesen Dingen weißt, und alles weit verbreitete Wissen darüber trägt absolut nichts zur Minderung der Armut bei.

Was zur Minderung der Armut beiträgt ist nicht, dass du Bilder der Armut in dein Gemüt holst, sondern dass Bilder von Wohlstand, Überfluss und Chancenreichtum in die Köpfe der Armen gelangen.

Du lässt die Armen nicht im Stich, wenn du deinem Gemüt die Erlaubnis verweigerst, sich mit diesen Bildern des Jammers zu füllen. Armut kann abgeschafft werden – nicht durch eine Erhöhung der Anzahl gut situierter Leute, die über Armut nachdenken, sondern durch die Erhöhung der Anzahl armer Leute, die glaubend bejahen, reich zu werden.

Die Armen brauchen keine Almosen, sie brauchen Inspiration. Die Wohlfahrt schickt ihnen nur einen Laib Brot, um sie in ihrem Elend am Leben zu erhalten oder schenkt ihnen eine Unterhaltung, damit sie eine oder zwei Stunden lang vergessen. Doch Inspiration kann sie veranlassen, aus ihrer Misere herauszukommen. Wenn du den Armen helfen willst, dann zeige ihnen, dass sie reich werden können. Beweise es, indem du selbst reich wirst.

Es gibt einen Weg, durch den die Armut für immer aus dieser Welt verbannt werden kann: Indem eine große und stetig wachsende Anzahl von Leuten veranlasst wird, die Lektionen dieses Buches zu praktizieren.

Die Menschen müssen lernen, durch das Erschaffen reich zu werden, nicht durch die Konkurrenz.

Jede durch den Wettbewerb reich gewordene Person wirft irgendwann die Leiter um, auf der sie hochsteigt; zudem hält sie andere unten. Doch jede Person, die durch das Erschaffen reich wird, eröffnet tausenden Menschen einen Weg, auf dem sie nachfolgen können – und inspiriert sie, dies zu tun.

Du zeigst weder Herzenshärte noch neigst du zur Gefühllosigkeit, wenn du dich weigerst, Armut zu bedauern, sie zu sehen, darüber zu lesen, zu denken oder zu sprechen, oder jenen zuzuhören, die über sie reden. Benutze deine Willenskraft, um dein Gemüt vom Thema Armut zu LÖSEN und halte stattdessen mit Glauben und Entschlusskraft an der Vision dessen FEST, was du willst und was du im Begriff bist zu erschaffen.

Kapitel 10

Mehr über den Gebrauch des Willens

DU KANNST keine wahre und klare Vision des Wohlstands aufrechterhalten, wenn du deine Aufmerksamkeit ständig auf sich widersprechende Bilder richtest, ob sie nun real oder imaginär sind.

Rede nicht über deine vergangenen finanziellen Probleme, falls du welche hattest. Denke überhaupt nicht an sie. Sprich nicht über die Armut deiner Eltern oder die Härten deiner Jugendzeit. Wenn du so etwas tust, qualifizierst du dich geistig für die Riege der Armen, und das wird mit Sicherheit die Bewegung von Dingen in deine Richtung anhalten. Wirf die Armut und jeden Gedanken an sie komplett hinter dich.

Du hast eine bestimmte Theorie über das Universum als richtig akzeptiert und alle deine Hoffnungen auf das Glück stützen sich darauf, dass diese Theorie korrekt ist. Welchen Gewinn hättest du also davon, dich mit zwei sich widersprechenden Theorien zu befassen?

Lies keine Bücher, die dir weismachen wollen, die Welt käme bald zu einem Ende. Lies auch nicht die Schriften von Skandalmachern und pessimistischen Philosophen, die dir erzählen, die Welt ginge zum Teufel. Die Welt geht nicht zum Teufel, sie geht zu Gott. Es ist etwas Wundervolles im Entstehen.

Wohl wahr, es mag eine Menge Dinge in der gegenwärtigen Zeit geben, mit denen man nicht übereinstimmen kann. Doch was nützt es, sie zu untersuchen, wenn sie eh vorübergehen, unsere auf sie gerichtete Aufmerksamkeit dagegen ihr Verschwinden nur verlangsamt und sie bei uns behält? Warum Zeit und Mühe auf Dinge verwenden, die durch evolutionäres Wachstum ohnehin aussterben, wenn du andererseits ihre Beseitigung – soweit es um deinen Anteil an ihnen geht – durch deine Förderung des evolutionären Wachstums noch beschleunigen kannst?

Egal wie scheinbar schlimm die Bedingungen in bestimmten Ländern, Bereichen oder Gegenden sein mögen, du verschwendest deine Zeit und zerstörst deine eigenen Chancen, wenn du dich mit ihnen befasst.

Du solltest dich darum kümmern, dass die Welt reich wird.

Denke an die Reichtümer, die in die Welt kommen, statt an die Armut, aus der sie herauswächst. Merke dir: Das einzige, womit du der Welt helfen kannst reich zu werden, besteht darin, dass du selbst immer reicher wirst – und zwar durch die kreative Methode, nicht die konkurrierende.

Widme dem Reichtum deine ganze Aufmerksamkeit. Achte nicht auf die Armut. Wann immer du über Arme denkst oder sprichst, dann denk oder sprich über sie als solche, die im Begriff sind reich zu werden, die zu beglückwünschen statt zu bemitleiden sind. Dann werden sie und andere die Inspiration auffangen und damit beginnen, nach dem Ausweg zu suchen.

Wenn ich vorschlage, dass du deine ganze Zeit, deinen ganzen Verstand und dein ganzes Denken auf den Reichtum zu lenken hast, dann darf daraus nicht gefolgert werden, dass du gleichzeitig gemein oder niederträchtig werden musst.

Wirklich reich zu werden ist das edelste Ziel, das du deinem Leben verordnen kannst, denn es schließt alles andere mit ein.

Auf der konkurrierenden Ebene ist der Kampf um Reichtum eine gottlose Balgerei um die Macht über andere, doch wenn wir zum kreativen Bewusstsein kommen, ist all dies anders. Alles, was an persönlicher Größe, Dienst am Menschen und makelloser Lebensführung möglich ist, kommt durch das Reichwerden, denn alles wird möglich gemacht durch die Nutzung der für uns bereitgestellten Dinge.

Ich wiederhole, du kannst nichts Größeres oder Edleres anstreben als reich zu werden. Du musst deine Aufmerksamkeit völlig auf das geistige Bild deines Reichtums fixieren, während alles, was die Vision trüben oder verschleiern könnte, auszuschließen ist.

Einige Leute bleiben arm, weil ihnen die Tatsache, dass Reichtum auf sie wartet, nicht bekannt ist. Sie können am besten aufgeklärt werden, indem ihnen durch deine eigene Person und Praxis der Weg zum Wohlstand gezeigt wird.

Andere sind arm, weil sie – gleichwohl wissend, dass es einen Ausweg für sie gibt –, intellektuell zu träge sind, um die geistige Anstrengung auf sich zu nehmen und anfangen zu handeln. Das absolut Beste für sie ist, wenn du ihr Verlangen weckst: Führe ihnen das Glücksgefühl vor, welches mit wahrem Reichtum einhergeht!

Wieder andere sind noch arm, weil sie – trotz wissenschaftlicher Ausbildung – sich derart im Labyrinth der Theorien verirrt haben, dass sie nicht mehr wissen, welchen Weg sie nun nehmen sollen. Sie versuchen eine Mixtur aus allen Systemen und scheitern mit allen. Auch diesen hilft es am meisten, wenn du ihnen durch deine eigene Person und Praxis den richtigen Weg weist.

Ein Gramm Handeln ist mehr wert als ein Pfund Theorie.

Das Beste, was du für die Welt tun kannst, heißt: Mach' das Beste aus dir selbst!

Wirkungsvoller kannst du Gott und der Menschheit nicht dienen, als reich zu werden; das heißt, wenn du durch die kreative Methode reich wirst, nicht durch die konkurrierende.

Noch etwas. Wir bestätigen, dass dieses Buch alle Prinzipien der Wissenschaft des Reichwerdens detailliert wiedergibt, und wenn es stimmt, musst du kein anderes Buch über dieses Thema mehr lesen.

Das mag sich intolerant und geltungssüchtig anhören, doch überlege einmal: In der Mathematik gibt es keine anderen wissenschaftlichen Rechenmethoden als die der Addition, Subtraktion, Multiplikation und Division; keine andere Methode kann sie ersetzen oder ist an ihrer Statt möglich.

Zwischen zwei Punkten kann es nur *eine* kürzeste Distanz geben. Es gibt nur *einen* Weg, wissenschaftlich zu denken, und der führt über die direkteste und einfachste Route zum Ziel. Niemand hat bisher ein kürzeres oder weniger komplexes »System« formuliert als das hier beschriebene. Alles Überflüssige wurde herausgenommen.

Wenn du mit diesem Buch beginnst, solltest du sämtliche anderen zur Seite legen. Verbanne sie allesamt aus deinem Bewusstsein. Lies dieses Buch jeden Tag. Nimm es mit dir. Präge es deinem Gedächtnis ein und denke nicht über andere »Systeme« und Theorien nach. Wenn du das tust, wirst du innerlich anfangen zu zweifeln, unsicher und unschlüssig zu werden, und schließlich wirst du anfangen, Fehler zu machen. Sobald du erfolgreich und reich geworden bist, darfst du so viele andere Systeme studieren wie du willst.

Und lies nur die optimistischsten Kommentare über die Nachrichten der Welt – solche, die in Übereinstimmung mit deinem Bild stehen. Lasse dich auch nicht auf Okkultes, Spiritismus oder ähnliche Studien ein. Vielleicht sind die Toten am Leben und in der Nähe, doch wenn sie es sind, dann sollte man sie in Ruhe lassen; **kümmere dich um deine eigenen Geschäfte.**

Wo immer die Geister der Toten sein mögen, sie haben ihre eigene Arbeit zu tun und uns steht nicht zu, sie zu stören. Wir können ihnen nicht helfen und es ist sehr zweifelhaft, ob sie uns helfen können – oder ob wir irgendein Recht haben, in ihre Dimension einzudringen, falls sie es könnten. Vergiss die Toten und das Jenseits und löse dein eigenes Problem: Werde reich. Wenn du dich mit dem Okkulten beschäftigst, startest du geistige Gegenströmungen, die für deine Hoffnungen unweigerlichen Schiffbruch bedeuten würden.

In Ordnung, fassen wir noch einmal zusammen, was uns dieses und die vorhergehenden Kapitel an grundsätzlichen Fakten geliefert haben:

Es existiert ein Denkstoff, aus dem alle Dinge gemacht sind und der, in seinem Urzustand, die Zwischenräume des Universums durchdringt und ausfüllt.

Ein Gedanke in dieser Substanz produziert den Gegenstand oder die Situation, die vorher als geistiges Bild mittels dieses Gedankens entworfen wurde.

Eine Person kann Gegenstände und Situationen gedanklich formen und, indem sie ihre Gedanken der Formlosen Substanz einprägt, veranlassen, dass die gedachten Gegenstände und Situationen zur Realität werden.

Um dies bewirken zu können, muss die Person vom Konkurrenzdenken zum Schöpfungsdenken wechseln.

Sie muss ein klares geistiges Bild der Dinge formen, die sie besitzen will.

Sie muss dieses Bild in ihren Gedanken mit der klaren ZIELSETZUNG festhalten, genau das zu bekommen, was sie will.

Sie muss dieses Bild in ihren Gedanken mit dem standhaften GLAUBEN festhalten, dass sie tatsächlich das bekommt, was sie will, und ihr Bewusstsein gegenüber allem verschließen, das ihre Vorsätze zum Wanken bringen, ihre Visionen trüben oder ihren Glauben untergraben könnte.

Und darüber hinaus werden wir jetzt sehen, dass diese Person auf eine bestimmte Art und Weise leben und handeln muss.

Kapitel 11

Auf eine bestimmte Art und Weise handeln

DER GEDANKE ist die kreative oder treibende Kraft, die die schöpferische Macht zum Handeln veranlasst.

Auf eine bestimmte Art und Weise zu denken wird Reichtümer zu dir bringen, aber du darfst dich nicht allein aufs Denken verlassen, während du dem persönlichen Handeln keine Beachtung schenkst.

Das ist die Klippe, an der viele ansonsten wissenschaftlich orientierte Denker bösen Schiffbruch erleiden: Die Unterlassung, ihr Denken mit persönlichem Handeln zu verbinden.

Noch haben wir nicht die Entwicklungsstufe erreicht, einmal angenommen sie wäre überhaupt möglich, auf der ein Mensch direkt aus der Formlosen Substanz erschaffen kann, ohne die Prozesse der Natur oder die Arbeit seiner Hände in Anspruch zu nehmen.

Eine Person muss nicht nur denken, ihr persönliches Handeln muss auch ihr Denken ergänzen.

Durch das Denken kannst du das Golderz im Innern der Berge veranlassen, dass es sich zu dir hingezogen fühlt, doch wird es sich nicht selbst abbauen, veredeln, in Münzen pressen und die Straße entlang gerollt kommen, um sich seinen Weg in deine Tasche zu suchen.

Dank der treibenden Kraft des Höchsten Geistes werden die Geschicke der Menschen so geleitet, dass jemand die Aufgabe erhält, das Gold für dich zu fördern. Die Geschäftsaktivitäten anderer Leute werden dahingehend beeinflusst, dass das Gold zu dir gebracht wird. Und du musst deine eigenen Geschäftsaktivitäten so gestalten, dass du es empfangen kannst, wenn es zu dir kommt. Dein Denken veranlasst alle Dinge, ob belebt oder unbelebt, für dich zu arbeiten und dir zu bringen was du willst, aber dein persönliches Handeln muss so ausgerichtet sein, dass du deine Wünsche *zu Recht* empfangen kannst, wenn sie dich erreichen.

Du sollst sie weder als milde Gabe annehmen noch sollst du sie stehlen. Du musst jedem Menschen mehr an Gebrauchswert geben, als er dir an Geldwert gibt.

Die wissenschaftliche Nutzung des Denkens besteht darin, dass du ein klares und eindeutiges geistiges Abbild des Wunsches formst und an deiner ZIELSETZUNG festhältst, dass du das, was du willst, auch bekommst – sowie in dankbarem Glauben zu erkennen, dass du in der Tat das bekommst, was du willst.

Versuche nicht, dein Denken auf irgendeine mysteriöse oder okkulte Weise zu »projizieren« mit der Absicht, es in die Welt hinauszuschicken und Dinge für dich erledigen zu lassen. Das ist verschwendete Mühe und wird deine Kraft schwächen, vernünftig zu denken.

Die für das Reichwerden erforderliche Denkweise ist in den vorangegangenen Kapiteln ausführlich erläutert. Dein Glaube und deine ZIELSETZUNG prägen deine Vision positiv in die Formlose Substanz ein, die vom gleichen Wunsch nach mehr Leben beseelt ist wie du, und diese von dir ausgesandte Vision setzt alle kreativen Energien in und durch die regulären Aktionskanäle in Bewegung, und zwar in deine Richtung.

Es ist nicht deine Aufgabe, den schöpferischen Prozess zu leiten oder zu überwachen. Du sollst nur deine Vision aufrechterhalten, an deiner Zielsetzung festhalten und deinen Glauben und deine Dankbarkeit bewahren.

Allerdings musst du auch auf bestimmte Art und Weise handeln, damit du dir die Dinge aneignen kannst, wenn sie zu dir kommen, damit du den in deiner Imagination erschaffenen Dingen entgegentreten und sie ihrer jeweiligen Bestimmung zuführen kannst.

Du kannst hier wirklich die Logik von allem sehen. Wenn die Dinge dich erreichen, werden sie in den Händen anderer sein, die ein Äquivalent, einen Gegenwert dafür verlangen. Und du kannst nur bekommen was dein ist, indem du der anderen Person gibst, was ihr rechtmäßig zusteht.

Dein Geldbeutel wird nicht in eine Fortuna-Börse umgewandelt werden, die immer voller Geld ist, ohne dass du selbst den geringsten Aufwand hast.

Dies ist der entscheidende Punkt in der Wissenschaft des Reichwerdens – genau hier, wo Denken und persönliches Handeln kombiniert werden müssen. Es gibt sehr viele Leute, die – bewusst oder unbewusst – durch die Stärke und Beharrlichkeit ihrer Wünsche die kreativen Energien in Gang setzen, die aber trotzdem arm bleiben, weil sie sich auf den Empfang dessen, was sie wünschen, nicht vorbereitet haben.

Durch dein **Denken** wird das von dir Gewünschte auf den Weg zu dir gebracht. Durch **Handeln** erhältst du es. Wie immer dein Handeln ausfallen wird, es ist offenkundig, dass du JETZT handeln musst. Du kannst nicht in der Vergangenheit handeln und es ist für die Klarheit deiner geistigen Vision unerlässlich, dass du die Vergangenheit aus deinem Bewusstsein eliminierst.

Du kannst auch nicht in der Zukunft handeln, denn die Zukunft ist noch nicht hier. Und du kannst nicht sagen, wie du in der Zukunft handeln wirst, bis dieser Eventualfall eingetreten ist.

Weil du derzeit nicht im richtigen Geschäft oder im geeigneten Umfeld bist, musst du deswegen nicht eine Verschiebung der Aktion ins Auge fassen. Und verschwende jetzt keine Zeit mit Überlegungen, welches die beste Vorgehensweise bei eventuellen künftigen Notfällen sein könnte; habe Glauben in deine Fähigkeit, jedem unvorhergesehenen Ereignis dann begegnen zu können, wenn es sich ergibt.

Wenn du in der Gegenwart handelst, mit deinen Gedanken aber in der Zukunft weilst, wird deine augenblickliche Aktivität mit einem gespaltenen Bewusstsein und daher nicht wirkungsvoll durchgeführt.

Widme der *jetzigen* Aktivität deine ungeteilte Aufmerksamkeit.

Du kannst dich nicht einfach ausruhen und auf Resultate warten, nachdem du deine kreativen Impulse an die Ursubstanz geschickt hast. Wenn du das tust, wirst du sie nie erhalten. Handle jetzt. Es ist niemals Zeit außer jetzt, und es wird niemals Zeit geben außer jetzt. Wenn du jemals damit beginnst, dich auf den Empfang der gewünschten Dinge vorzubereiten, dann musst du JETZT beginnen.

Und deine Aktion, wie immer sie aussehen sein mag, wird höchstwahrscheinlich in deinem heutigen Geschäft oder Job anlaufen und sie wird sich auf die Personen und Dinge in deinem derzeitigen Umfeld beziehen.

Du kannst nicht da handeln, wo du nicht bist, du kannst nicht da handeln, wo du gewesen bist, und du kannst nicht da handeln, wo du sein wirst. Du kannst nur da handeln, wo du bist.

Störe dich nicht daran, ob die gestrige Arbeit gut oder schlecht getan wurde; mach deine heutige Arbeit gut.

Versuche nicht, die morgige Arbeit jetzt zu tun; es wird genügend Zeit dazu geben, wenn die Zeit dafür gekommen ist.

Versuche nicht, durch okkulte oder mystische Praktiken auf Leute oder Dinge einzuwirken, die außerhalb deiner Reichweite sind.

Warte nicht auf eine Änderung des Umfeldes, bis du meinst handeln zu können; erziele eine Änderung deines Umfeldes durch Handeln. So kannst du auf dein gegenwärtiges Umfeld *ein*wirken und für dich selbst *be*wirken, dass du in ein besseres Umfeld geleitet wirst.

Halte glaubend und zielbewusst die Vision deiner selbst im besseren Umfeld fest, aber wirke auf dein jetziges Umfeld mit deinem ganzen Herzen ein, mit deiner ganzen Kraft und deinem ganzen Verstand. Verbringe keine Zeit mit Tagträumen oder dem Bauen von Luftschlössern; halte an der Vision deines Wunsches fest und handle JETZT.

Ziehe nicht umher, um irgendeine schicke Beschäftigung zu suchen, die du tun könntest, oder um irgendeine exotische, außergewöhnliche oder spektakuläre Aktion als ersten Schritt hin zum Reichtum zu vollbringen. Wahrscheinlicher ist, dass deine Aufgaben – zumindest für die nächste Zeit – die gleichen sein werden, mit denen du dich bisher beschäftigt hast. Nur beginnst du jetzt damit, diese Aufgaben auf eine bestimmte Art und Weise zu erledigen, was dich mit Sicherheit reich machen wird.

Wenn du in einem Geschäft tätig bist und meinst, dass es nicht das Richtige für dich ist, dann warte nicht bis du das für dich passende Geschäft gefunden hast, bevor du mit dem Handeln beginnst.

Werde nicht mutlos und jammere nicht, weil du dich deplatziert fühlst. Niemand ist so deplatziert, dass er nicht den richtigen Platz finden kann, und niemand steckt so tief im falschen Geschäft, dass er nicht ins richtige Geschäft kommen kann.

Halte die Vision einer für dich idealen Tätigkeit mit der ZIELSETZUNG aufrecht, dass du sie erlangen wirst, aber HANDLE in deiner jetzigen Tätigkeit. Nutze deine augenblickliche Tätigkeit als ein Mittel, um eine bessere Tätigkeit zu bekommen, und nutze dein derzeitiges Umfeld als ein Mittel, um in ein besseres Umfeld zu gelangen.

Deine mit Glauben und Zielsetzung getragene Vision des für dich richtigen Geschäfts wird die Höchste Macht veranlassen, das richtige Geschäft in deine Richtung hin zu bewegen. Und deine Aktivität, auf bestimmte Art und Weise ausgeführt, wird dich veranlassen, diesem Geschäft entgegenzugehen.

Falls du ein Angestellter oder Lohnempfänger bist und meinst, nur durch einen Positionswechsel das Gewünschte erhalten zu können, dann »projiziere« deine Gedanken nicht ins All hinaus im Vertrauen, dass diese Methode dir einen neuen Job verschaffen könnte. Sie wird wahrscheinlich versagen.

Halte die Vision deiner selbst im gewünschten neuen Job aufrecht, während du im jetzigen Job mit Glauben und Zielsetzung HANDELST; so wirst du mit Sicherheit die gewünschte Position bekommen. Deine Vision und dein Glaube daran wird die Kreative Energie in Bewegung setzen, damit sie den Job zu dir bringt, und dein Handeln wird die Energien in deiner eigenen Umgebung veranlassen, dich in Richtung deiner Wunscherfüllung zu bewegen.

Zum Abschluss dieses Kapitels fügen wir unserem Lernprogramm ein weiteres Statement hinzu:

Es existiert ein Denkstoff, aus dem alle Dinge gemacht sind und der, in seinem Urzustand, die Zwischenräume des Universums durchdringt und ausfüllt.

Ein Gedanke in dieser Substanz produziert den Gegenstand oder die Situation, die vorher als geistiges Bild mittels dieses Gedankens entworfen wurde.

Eine Person kann Gegenstände und Situationen gedanklich formen und, indem sie ihre Gedanken der Formlosen Substanz einprägt, veranlassen, dass die gedachten Gegenstände und Situationen zur Realität werden.

Um dies bewirken zu können, muss die Person vom Konkurrenzdenken zum Schöpfungsdenken wechseln.

Sie muss ein klares geistiges Bild der Dinge formen, die sie besitzen will.

Sie muss dieses Bild in ihren Gedanken mit der klaren ZIELSETZUNG festhalten, genau das zu bekommen, was sie will.

Sie muss dieses Bild in ihren Gedanken mit dem standhaften GLAUBEN festhalten, dass sie tatsächlich das bekommt, was sie will, und ihr Bewusstsein gegenüber allem verschließen, das ihre Vorsätze zum Wanken bringen, ihre Visionen trüben oder ihren Glauben untergraben könnte.

Damit sie das Gewünschte auch in Empfang nehmen kann, wenn es kommt, muss die Person JETZT auf die Menschen und Dinge in ihrem derzeitigen Umfeld einwirken.

Kapitel 12

Effizientes Handeln

DU MUSST dein Denken so wie in den vorangegangenen Kapiteln beschrieben anwenden und das anfangen zu tun, was du tun kannst – und zwar dort, wo du gerade bist. Du musst ALLES tun, was du tun kannst, dort wo du bist.

Du kannst dich nur weiterentwickeln, wenn du über deine jetzige Position hinausgewachsen bist, und niemand ist über seine Position hinausgewachsen, solange er dort irgendeine unerledigte Arbeit hinterlässt.

Die Welt wird nur weitergebracht durch die, die ihre jetzigen Positionen mehr als ausfüllen.

Wenn niemand seine jeweilige Position ganz ausfüllen würde, müsste es einen Rückgang in allem geben.

Die, die ihre gegenwärtigen Positionen nur ungenügend ausfüllen, sind eine Belastung für Gesellschaft, Regierung, Wirtschaft und Industrie. Sie müssen von allen anderen unter großen Kosten mitgetragen werden. Der Fortschritt der Welt wird nur von jenen aufgehalten, die die von ihnen besetzten Positionen nicht ausfüllen. Sie gehören der Vergangenheit an und tendieren zur Degeneration. Keine Gesellschaft könnte voranschreiten, wenn jeder in seiner Position überfordert wäre; die soziale Evolution wird vom Gesetz der physischen und geistigen Evolution geleitet.

In der Natur wird die Evolution durch einen Überschuss an Leben ausgelöst. Wenn ein Organismus über mehr Leben verfügt als durch die Funktionen seiner eigenen Entwicklungsstufe ausgedrückt werden können, entwickelt er die Organe einer höheren Ebene, und eine neue Spezies ist entstanden.

Nie hätte es neue Arten gegeben, wären da nicht Organismen gewesen, die ihre Positionen übererfüllten. Das Gesetz gilt ebenso gut für dich: Dein Reichwerden hängt davon ab, wie du dieses Prinzip auf deine eigenen Angelegenheiten anwendest.

Jeder Tag ist entweder ein erfolgreicher Tag oder ein misslungener Tag, und es sind die erfolgreichen Tage, die dir das bringen, was du willst. Wenn jeder Tag ein Fehlschlag ist, kannst du niemals reich werden; wenn hingegen jeder Tag von Erfolg geprägt ist, kannst du nichts als Wohlstand erlangen.

Wenn es etwas gibt, das heute getan werden sollte und du tust es nicht, dann hast du zumindest in Bezug auf dieses Etwas versagt – und die Konsequenzen könnten schlimmer sein als du dir vorstellst.

Du kannst die Resultate selbst der trivialsten Tat nicht vorhersehen. Du kennst nicht die verschlungenen Wege all der Kräfte, die in deinem Auftrag in Bewegung gesetzt wurden. Viel könnte davon abhängen, was du durch eine schlichte Handlung tust, und vielleicht ist es genau diese schlichte Handlung, die eine Tür zu sehr großen Möglichkeiten eröffnet. Du kannst niemals alle Kombinationen kennen, die die Höchste Intelligenz für dich in der Welt der Dinge und des menschlichen Zusammenlebens macht. Deine Nachlässigkeit oder Unterlassung bei der Erledigung einer scheinbar unbedeutenden Angelegenheit könnte verursachen, dass sich die Ankunft der von dir gewünschten Resultate endlos verzögert.

Tue, jeden Tag, ALLES, was an diesem Tag getan werden kann.

Allerdings gibt es eine Einschränkung oder Bedingung für das Vorstehende, die du mitberücksichtigen musst.

Du sollst dich nicht überarbeiten, noch blindlings in ein Geschäft stürzen mit der Absicht, die höchstmögliche Anzahl von Aufgaben in kürzestmöglicher Zeit erledigen zu wollen.

Du sollst nicht versuchen, die Arbeit von morgen schon heute zu erledigen, oder die Arbeit einer Woche innerhalb eines Tages. Was zählt, ist weniger die Anzahl der Tätigkeiten, die du erledigst, als vielmehr die EFFIZIENZ jeder einzelnen Tat.

Jede Handlung ist für sich selbst gesehen entweder ein Erfolg oder ein Misserfolg.

Jede Handlung ist für sich selbst gesehen entweder effektiv und effizient oder ineffektiv und ineffizient.

Jede ineffiziente Handlung ist ein Misserfolg, und wenn du dein Leben mit ineffizienten Tätigkeiten verbringst, wird dein ganzes Leben ein Misserfolg sein. Je mehr Dinge du tust, umso schlimmer für dich – das heißt, wenn alle deine Tätigkeiten ineffizient sind.

Umgekehrt ist jede effizient durchgeführte Aufgabe ein Erfolg für sich selbst, und wenn jede Tätigkeit in deinem Leben effizient durchgeführt wird, dann wird dein gesamtes Leben ein Erfolg sein.

Der Grund für Misserfolg liegt darin, dass zu viele Dinge ineffizient und nicht genug Dinge effizient erledigt werden.

Du wirst sehen, nichts ist offensichtlicher als die Aussage: Solange du keine ineffizienten Handlungen vornimmst, aber eine genügende Anzahl effizienter Handlungen, wirst du reich werden. Wenn es dir nun möglich sein sollte, jede deiner Handlungen effizient durchzuführen, wirst du wiederum erkennen, dass der Erwerb von Reichtümern auf eine exakte Wissenschaft reduziert wird, wie zum Beispiel die der Mathematik.

Die Sache wendet sich nun also der Frage zu, ob du jede separate Tätigkeit zu einem Erfolg an sich führen kannst. Und das kannst du mit Sicherheit. Du kannst jede Handlung zum Erfolg führen, weil ALLE Energie mit dir arbeitet, und ALLE Energie kann nicht versagen.

Energie steht zu deinen Diensten, und um jede Handlung effizient zu gestalten, musst du nur Energie hineinstecken.

Eine Aktion ist entweder stark oder schwach, und wenn jede deiner Aktionen stark ist, handelst du auf die bestimmte Art und Weise, die dich reich machen wird.

Du kannst jeder deiner Taten Stärke und Effizienz verleihen, wenn du während ihrer Durchführung an deiner Vision festhältst und die ganze Energie deines GLAUBENS und deiner ZIELSETZUNG in sie hineinlegst.

Genau an dieser Stelle scheitern all jene Leute, die geistige Energie von persönlichem Handeln trennen. Sie nutzen die Macht des Denkens an einem bestimmten Ort und zu einer bestimmten Zeit, während sie an einem anderen Ort und zu einer anderen Zeit handeln.

Daher wird keine ihrer Handlungen erfolgreich; zu viele davon sind ineffizient. Doch wenn ALLE Energie in jede Handlung einfließt, wie gewöhnlich diese auch sein mag, dann wird jede Handlung für sich genommen ein Erfolg sein. Und weil es in der Natur der Sache liegt, dass jeder Erfolg den Weg für weitere Erfolge ebnet, wird dein Fortschritt hin zu dem, was du willst, sowie zur Realisierung deiner Wünsche zunehmend rascher vonstatten gehen.

Erinnere dich, dass erfolgreiche Aktivität kumulativ in ihren Resultaten ist. Da das Verlangen nach mehr Leben allen Dingen eingegeben ist, schließen sich auch mehr Dinge der Person an, die zu einem volleren Leben strebt, und die Wirkung ihrer Wünsche wird vervielfacht.

Tue jeden Tag alles, was du an diesem Tag tun kannst, und erledige jede Tätigkeit auf effiziente Weise.

Wenn ich sage, dass du während jeder Handlung – egal wie trivial sie auch sein mag – an deiner Vision festhalten solltest, so meine ich nicht, dass du dir die Vision jederzeit bis ins kleinste Detail vor Augen führen musst. Hingegen kannst du dies gut während deiner Freizeit tun, indem du deiner Fantasie freien Lauf lässt und deine Wunschbilder so lange betrachtest, bis sie fest in deinem Gedächtnis fixiert sind. Wenn du schnelle Resultate brauchst, solltest du praktisch deine ganze Freizeit mit dieser Übung zubringen.

Durch kontinuierliches Betrachten und Meditieren wirst du das Wunschbild – bis ins kleinste Detail – so fest in dein Bewusstsein fixiert und so vollständig in das Bewusstsein der Formlosen Substanz übertragen bekommen, dass du während deiner Arbeitsstunden bloß an das Bild denken musst, um deinen Glauben und Vorsatz zu stimulieren und dich zu Höchstleistungen anzutreiben.

Male dir – in deiner Freizeit – dein Wunschbild immer wieder aus, bis dein Bewusstsein so damit ausgefüllt ist, dass du es jederzeit sofort geistig umfassen kannst. Deine glänzenden Aussichten werden dich so begeistern, dass der bloße Gedanke daran die stärksten Energien deiner gesamten Persönlichkeit aktivieren wird.

Lass uns nun unsere Lehrsätze wiederholen und sie zu dem Punkt bringen, den wir soeben erreicht haben.

Es existiert ein Denkstoff, aus dem alle Dinge gemacht sind und der, in seinem Urzustand, die Zwischenräume des Universums durchdringt und ausfüllt.

Ein Gedanke in dieser Substanz produziert den Gegenstand oder die Situation, die vorher als geistiges Bild mittels dieses Gedankens entworfen wurde.

Eine Person kann Gegenstände und Situationen gedanklich formen und, indem sie ihre Gedanken der Formlosen Substanz einprägt, veranlassen, dass die gedachten Gegenstände und Situationen zur Realität werden.

Um dies bewirken zu können, muss die Person vom Konkurrenzdenken zum Schöpfungsdenken wechseln.

Sie muss ein klares geistiges Bild der Dinge formen, die sie besitzen will, und – im Glauben und mit Zielstrebigkeit – alles tun, was an jedem Tag getan werden kann, wobei sie jede einzelne Handlung so effizient wie möglich durchführt.

Kapitel 13

In das richtige Geschäft einsteigen

DER ERFOLG, egal um welchen Geschäftszweig es sich handelt, setzt zunächst einmal voraus, dass du über ausgezeichnete Fähigkeiten verfügst, die in deinem spezifischen Gewerbe erforderlich sind.

Ohne musisches Talent kann niemand Musiklehrer werden. Ohne gut entwickelte technische Fähigkeiten wird man es in einem mechanischen Beruf nicht weit bringen. Ohne seriöses Auftreten und betriebswirtschaftliche Kenntnisse würde ein Kaufmann kaum Geld verdienen. Andererseits ist nicht gesagt, dass der Besitz hervorragender Qualifikationen für ein bestimmtes Gewerbe allein schon der Garant fürs Reichwerden ist.

Da gibt es Musiker mit bemerkenswerten Talenten, die doch arm bleiben. Viele Mechaniker, Tischler und andere Handwerker verfügen über exzellente technische Fähigkeiten, werden aber nicht reich. Und man kennt genug Kaufleute, die sehr gut mit Leuten umgehen können und dennoch versagen. Die verschiedenen Qualifikationen sind Werkzeuge. Es ist wichtig, gute Werkzeuge zu haben, doch ist es mindestens ebenso wichtig, die Werkzeuge richtig benutzen zu können. Der eine Handwerker versteht sich darauf, wie man eine scharfe Säge, ein Vierkant, einen guten Hobel und so weiter benutzt und baut ein hübsches Möbelstück zusammen. Der andere übernimmt die gleichen Werkzeuge, um ein Duplikat herzustellen, sein Endergebnis ist aber Pfusch. Letzterer weiß nicht, wie gute Werkzeuge erfolgreich eingesetzt werden.

Die verschiedenen Fähigkeiten deines Geistes sind die Werkzeuge, mit denen du die Arbeit, die dich reich machen soll, tun musst. Daher wird dir der Erfolg leichter fallen, wenn du in ein

Geschäft einsteigst, für das du hinlänglich mit geistigen Werkzeugen ausgerüstet bist.

Grundsätzlich wirst du in dem Geschäft am besten abschneiden, das deine stärksten Talente nutzt – in dem Geschäft also, für das du normalerweise am besten geeignet bist. Doch auch bei dieser Aussage sind Einschränkungen zu machen.

Niemand sollte seinen Beruf als schicksalhafte, unwiderrufliche Lebensbestimmung ansehen. Du kannst in JEDEM Geschäft reich werden, denn falls dir das richtige Talent noch fehlen sollte, dann kannst du es entwickeln.

Damit ist gemeint, dass du dir deine Werkzeuge *anfertigen* musst, während du deinen Weg gehst, statt dich ausschließlich auf die Talente zu beschränken, die dir von Geburt an mitgegeben wurden. Du wirst es LEICHTER haben in einem Beruf, für den du bereits gut entwickelte Fähigkeiten mitbringst, doch KANNST du *in jeder beliebigen* Tätigkeit erfolgreich sein, denn du kannst jedes beliebige *rudimentäre Talent* entwickeln, weil es kein Talent gibt, über das du nicht zumindest ansatzweise verfügst.

Du wirst am leichtesten reich werden – vom benötigten Aufwand her betrachtet – wenn du das tust, wofür du am besten qualifiziert bist; doch wirklich zufrieden stellenden Reichtum erlangst du nur dann, wenn du das tust, was du unbedingt tun WILLST.

Nur das zu tun, was du tun willst, bedeutet wahrhaft Leben. Es gibt keine echte Zufriedenheit im Leben, wenn wir auf ewig gezwungen sind, etwas zu tun, was wir nicht mögen und niemals das tun können, was wir tun möchten.

Dabei kannst du mit Sicherheit das tun, was du tun willst. Das Verlangen, es zu tun, ist der Beweis, dass du in dir die Macht oder Energie hast, die es tun kann.

Verlangen ist eine Manifestation von Energie.

Das Verlangen, Musik zu spielen, ist die Energie, die Musik spielen kann – sie sucht nach ihrem Ausdruck und ihrer Weiterentwicklung. Das Verlangen, technische Apparate zu erfinden, ist das nach Ausdruck und Weiterentwicklung suchende technische Talent.

Wo keine Energie ist – ob entwickelt oder unterentwickelt – um etwas zu tun, da ist auch niemals das Verlangen vorhanden, etwas zu tun. Und wann immer ein starkes Verlangen besteht, etwas zu tun, dann ist das ein sicherer Beweis, dass die dafür zur Verfügung stehende Energie vorhanden ist und nur auf die richtige Art und Weise entwickelt und angewendet werden muss.

Wenn alle anderen Umstände in etwa gleich sind, wählst du idealerweise ein Geschäft aus, für das du das am besten entwickelte Talent mitbringst; hast du aber ein starkes Verlangen nach einer bestimmten Art von Tätigkeit, dann solltest du diese Tätigkeit als höchstes erstrebenswertes Ziel wählen.

Du kannst tun, was du tun willst und es ist dein Recht und Privileg, dem für dich geeignetsten und angenehmsten Geschäft oder Beruf nachzugehen. Du bist nicht verpflichtet, etwas zu tun, was du nicht tun magst und solltest es auch nicht tun, außer du nutzt es als ein Mittel zur Erlangung deiner Ziele.

Wenn du aufgrund früherer Fehler in eine unerwünschte Tätigkeit oder Umgebung hineingeraten bist, musst du vielleicht für einige Zeit diese ungeliebte Tätigkeit ausüben. Sie wird dir aber leichter von der Hand gehen, wenn du weißt, dass sie dich letztlich zu dem führt, was du tun willst.

Solltest du meinen, nicht im richtigen Beruf zu sein, dann handle nicht zu hastig, um in einen anderen hineinzukommen. Der allgemein beste Weg, seine Tätigkeit oder Umgebung zu wechseln, ist durch Fortschritt.

Schrecke nicht davor zurück, einen plötzlichen und radikalen Wechsel vorzunehmen, falls die Gelegenheit sich dir bietet und du nach sorgfältiger Überlegung überzeugt bist, dass es die richtige Gelegenheit ist. Triff niemals eine plötzliche und radikale Entscheidung, solange dich Zweifel über die Weisheit deines Tuns plagen sollten.

Auf der kreativen Ebene gibt es zu keiner Zeit irgendwelche Eile noch einen Mangel an Gelegenheiten. Sobald du aus dem Konkurrenzdenken herauswächst, wirst du verstehen, dass du niemals übereilt handeln musst. Niemand wird dir zuvorkommen; es ist genug für alle da. Wenn ein Raum voll ist, wird nicht weit davon entfernt ein anderer und besserer für dich erschlossen werden; es gibt immer genügend Zeit.

Bist du in Zweifel, warte. Greife zurück auf die Betrachtung deiner Vision und verstärke deinen Glauben und deine Zielsetzung. Und auf jeden Fall solltest du in Zeiten des Zweifels und der Unentschlossenheit die Danksagung kultivieren. Die ein oder zwei Tage, die du mit der Betrachtung deiner Wunschvorstellungen und in aufrichtiger Danksagung verbringst, versetzen dein Selbst in eine solch enge Verbindung mit dem Allerhöchsten, dass du keinen Fehler machst, sobald du deine Beschäftigung erneut aufnimmst.

Es gibt ein [kosmisches] Bewusstsein, das alles weiß, was es zu wissen gibt, und du kannst – durch Glauben und mit der Zielsetzung, im Leben voranzukommen – mit diesem Bewusstsein ein enges Verhältnis aufnehmen, wenn du tiefe Dankbarkeit zeigst.

Fehler entstehen aus zu voreiligem Handeln oder wenn etwas in Furcht und Zweifel getan wird; auch wenn der richtige Beweggrund in Vergesslichkeit gerät, der da lautet: Mehr Leben für alle und weniger Leben für niemanden.

Wenn du nun auf deine bestimmte Art und Weise vorgehst, werden sich immer mehr Gelegenheiten ergeben; dabei wirst du in deinem Glauben und in deiner Zielsetzung sehr standhaft bleiben und eine enge Verbindung mit dem Höchsten Bewusstsein, in ehrerbietiger Dankbarkeitshaltung, aufrechterhalten müssen.

Tue alles, was du kannst, jeden Tag auf perfekte Weise, aber tue es ohne Hast, Sorge oder Kummer. Geh so schnell du kannst vorwärts, aber hetze niemals. Denke daran, dass in dem

Moment, wo du anfängst zu rennen, du aufhörst ein Schöpfer zu sein und ein Wettbewerber wirst. Du fällst auf die alte Stufe zurück.

Wann immer du merkst, dass du in Hetze verfällst, mache eine Pause. Fixiere deine Aufmerksamkeit auf das mentale Bild deines Wunsches und fange an, dafür zu danken, dass du es bereits erhalten hast.

Die Übung des DANKENS wird niemals darin versagen, deinen Glauben zu stärken und deine Zielsetzung zu erneuern.

Kapitel 14

Der Eindruck der Vermehrung

OB DU nun deinen Beruf wechselst oder nicht, dein Handeln muss sich zunächst auf das Geschäft beziehen, in dem du momentan tätig bist.

Du kannst in den gewünschten Traumjob kommen, wenn du konstruktiven Nutzen aus dem Geschäft ziehst, in welchem du bereits etabliert bist – und deine tägliche Arbeit auf die bestimmte Art und Weise verrichtest.

Und falls du während deiner Tätigkeit viel mit anderen Menschen in Berührung kommst, ob persönlich oder durch Korrespondenz, **muss der Schlüsselgedanke all deiner Anstrengungen sein, dem Bewusstsein dieser Menschen einen Eindruck von Wachstum zu vermitteln.**

Alle Menschen erstreben Wachstum und Vermehrung; es ist das ihnen innewohnende Urbedürfnis der Formlosen Intelligenz, das nach vollendetem Ausdruck strebt.

Das Bedürfnis nach Vermehrung ist überall in der Natur vorhanden; es ist der fundamentale Impuls des Universums. Alle menschlichen Aktivitäten basieren auf dem Wunsch nach Vermehrung. Menschen suchen beständig nach mehr Nahrung, schöneren Kleidern, besseren Unterkünften, mehr Luxus, mehr Schönheit, mehr Wissen, mehr Vergnügen – Vermehrung für irgendetwas, mehr Leben.

Jedes lebende Ding steht unter diesem Drang nach kontinuierlicher Weiterentwicklung; wo eine Vermehrung des Lebens aufhört, setzen sofort Auflösung und Tod ein.

Der Mensch weiß dies instinktiv und sucht daher unaufhörlich nach mehr. Dieses Gesetz der ewigen Vermehrung wird von Jesus im Gleichnis über die Befähigungen angesprochen: Nur die, die mehr dazugewinnen, dürfen etwas behalten; hingegen wird denen, die nichts haben, selbst das letzte noch weggenommen.

Das normale Verlangen nach vermehrtem Reichtum ist nichts Böses oder Verwerfliches. Es ist einfach der Wunsch nach einem erfüllten Leben. Es ist Aspiration, Sehnsucht.

Und weil es ihr ureigener Instinkt ist, fühlen sich alle Männer und Frauen zu jenen hingezogen, die ihnen mehr von den Dingen des Lebens geben können.

Indem du den bestimmten Weg wie oben beschrieben konsequent verfolgst, erhältst du ständige Vermehrung für dich selbst, und du gibst sie an alle weiter, mit denen du zu tun hast.

Du bist ein kreatives Zentrum, von dessen Wachstum und Überfluss alle profitieren.

Sei dir darüber absolut im Klaren und gib diese Zusicherung an jeden Mann, jede Frau und jedes Kind weiter, mit denen du in Kontakt kommst. Egal wie klein die Transaktion auch ist, selbst wenn es sich nur um den Verkauf eines Lutschers an ein Kind handelt, lege den Gedanken der Vermehrung hinein und sorge dafür, dass dein Kunde von diesem Gedanken beeindruckt ist.

Vermittle den Eindruck des Aufstiegs und Fortschritts in allem, was du tust, damit die Leute den Eindruck bekommen, dass du eine »fortschrittliche Persönlichkeit« bist und auch alle anderen förderst und weiterbringst, die mit dir Geschäfte machen. Gib selbst den Leuten, die du aus rein gesellschaftlichen Anlässen triffst – ohne einen Gedanken ans Geschäft zu hegen und ohne ihnen etwas verkaufen zu wollen – die Idee der Vermehrung mit auf den Weg.

Du kannst diesen Eindruck vermitteln, wenn du **an dem unerschütterlichen Glauben festhältst, dass DU die Person bist, die im Zentrum der Vermehrung steht.** Lasse diesen Glauben jede deiner Aktivitäten inspirieren, ausfüllen und durchdringen.

Tue alles, was du tust, mit der festen Überzeugung, dass du eine fortschrittliche Persönlichkeit bist und dass du auch allen anderen das Weiterkommen ermöglichst.

Fühle, wie du reicher und reicher wirst und dass du so gleichzeitig andere reicher machst und ihnen Nutzen bringst.

Rühme dich nicht deines Erfolgs oder prahle unnötigerweise darüber; wahrer Glaube ist niemals überheblich. Wo immer du eine wichtigtuerische Person antriffst, erkennst du schnell, dass sie heimlich in Zweifel und verängstigt ist.

Fühle einfach den Glauben und lass ihn durch jede Transaktion wirken. Lass jede deiner Taten, jede deiner Äußerungen und jede deiner Mienen die stille Gewissheit vermitteln, dass du reich wirst – dass du schon reich *bist*. Worte werden nicht notwendig sein, um anderen dieses Gefühl zu vermitteln. Sie werden die Vermehrung spüren, wenn sie in deiner Gegenwart sind und werden sich wiederum zu dir hingezogen fühlen.

Du musst andere so beeindrucken, dass sie das Gefühl bekommen: Wer mit dir verkehrt, wird selbst von Wachstum und Vermehrung profitieren. Sorge dafür, dass du ihnen Gebrauchswerte gibst, die größer sind als die Geldwerte, die du von ihnen nimmst.

Sei auf dein Geschäftsverhalten stolz und lasse es jeden wissen, und du wirst keinen Mangel an Kunden haben.

Die Leute werden dorthin gehen, wo ihnen Vermehrung [wir würden heute sagen: ein *Mehrwert*; d. Übers.] geboten wird, und das Höchste, das in allem nach Vermehrung strebt und alles weiß, wird Männer und Frauen in deine Richtung bewegen, die noch nie etwas von dir gehört haben. Dein Geschäft wird rapide anwachsen und du wirst über die unerwarteten Gewinne, die ihren Weg zu dir nehmen, überrascht sein. Von Tag zu Tag wirst du größere Geschäftschancen wahrnehmen und größere Vorteile erschließen und, wenn du willst, schon bald in eine dir angenehmere Tätigkeit wechseln können.

Wenn du all dies tust, darfst du niemals deine Vision über das, was du willst, oder deinen Glauben und deine Zuversicht an die Erfüllung deiner Wünsche aus den Augen verlieren.

Lass mich an dieser Stelle ein weiteres mahnendes Wort im Hinblick auf Beweggründe vorbringen: Hüte dich unbedingt vor der heimtückischen Versuchung, nach der Macht über andere Menschen zu streben.

Nichts ist für ein rohes oder nur teilweise entwickeltes Gemüt so verführerisch wie die Ausübung von Macht oder Dominanz über andere. Die Begehrlichkeit, aus eigennützigen Beweggründen über andere zu herrschen, ist der Fluch dieser Welt. Seit grauer Vorzeit haben Könige und Kriegsherren in ihrem Streben nach Ausdehnung ihrer Machtbereiche die Erde mit Blut getränkt – nicht um mehr Leben für alle zu bekommen, sondern mehr Macht für sich selbst.

Heute wird die Wirtschaftswelt von ähnlichen Beweggründen angetrieben: Männer lassen ihre Dollar-Armeen antreten und so die Leben und Herzen von Millionen brandschatzen – im gleichen verrückten Ringen um die Macht über andere.

Kommerzielle Könige werden wie politische Könige von der Gier nach Macht inspiriert.

Sei auf der Hut vor der Verlockung, die Macht anzustreben, ein »Herrscher« zu werden, als jemand angesehen zu werden, der über der gemeinen Herde steht, der andere durch verschwenderische Zurschaustellung zu beeindrucken sucht.

Der Mensch, der die Herrschaft über andere anstrebt, ist vom Konkurrenzdenken besessen; das Schöpfungsdenken ist ihm fremd. Zur Meisterung deines Umfeldes und deiner Bestimmung ist es überhaupt nicht nötig, dass du deine Mitmenschen beherrschst; gerätst du nämlich erst einmal in das weltliche Gerangel um die oberen Logenplätze, fängst du an, vom Schicksal und den Umständen überrollt zu werden, und dein Reichwerden wird zu einer Frage des Zufalls und der Spekulation.

Hüte dich vor dem Konkurrenzdenken! Niemand hat eine bessere Aussage über das Prinzip des kreativen Handelns formuliert als der verstorbene [Ölproduzent, Millionär und Bürgermeister von Toledo, Ohio] Samuel »Goldene Regel« Jones: »Alles, was ich mir selbst wünsche, wünsche ich auch jedem anderen«.

Kapitel 15

Die erfolgreiche Persönlichkeit

WAS ICH im letzten Kapitel gesagt habe, bezieht sich sowohl auf den Freiberufler und den Erwerbstätigen als auch auf die Person, die im Vertrieb oder jedem anderen Geschäft arbeitet. Ob du ein Arzt, Lehrer oder Geistlicher bist, wenn du die Vermehrung des Lebens an andere weitergeben kannst und sie mit dieser Tatsache sensibilisierst, dann werden sie sich zu dir hingezogen fühlen, und du wirst reich werden.

Der Arzt, der sich selbst als großer und erfolgreicher Heiler sieht und der – wie in den vorhergehenden Kapiteln beschrieben – auf die vollständige Realisierung seiner Vision im Glauben und mit Zielsetzung hinarbeitet, kommt in solch enge Berührung mit der Quelle des Lebens, dass er phänomenal erfolgreich werden wird; die Patienten werden massenhaft zu ihm strömen.

Niemand hat eine bessere Gelegenheit, die Prinzipien dieses Buches umzusetzen, als der praktizierende Mediziner. Egal welcher Schule er angehören mag, das Prinzip des Heilens ist allen gemeinsam und kann von allen gleichermaßen errungen werden. Der »fortschrittliche Mediziner«, der ein klares mentales Bild seines Erfolges vor Augen hat und der den Gesetzen des Glaubens, der Zielsetzung und der Dankbarkeit folgt, wird jeden heilbaren Fall heilen, den er behandelt.

Auf dem Gebiet der Religion lechzt die Welt förmlich nach dem Geistlichen, der seinen Zuhörern die wahre Wissenschaft über ein Leben im Überfluss näher bringen kann. Wer alle Einzelheiten der Wissenschaft des Reichwerdens meistert, zusammen mit den verwandten Wissenschaften des Wohlbefindens, des Großseins und der Erlangung von Liebe, und wer diese Einzelheiten von der Kanzel predigt, wird niemals über Zuhörerschwund zu klagen haben. Das ist die frohe Botschaft, die die Welt braucht; sie verleiht eine höhere Lebensqualität, die Leute hören sie gerne und sie geben der Person, die ihnen die Botschaft bringt, großzügige Unterstützung. Was heutzutage dringend benötigt wird, ist eine praktische Demonstration der Wissenschaft des Lebens von der Kanzel herunter. Wir wollen Prediger, die uns nicht nur das »wie« predigen, sondern uns durch ihre eigene Person das »wie« demonstrieren. Wir brauchen den Prediger, der selbst reich, gesund, großmütig und geliebt ist, damit er uns diese Dinge lehrt. Wenn es ihn gibt, wird er eine zahlreiche und loyale Anhängerschaft vorfinden.

Das Gleiche trifft auf die Lehrkraft zu, die die Kinder mit dem Glauben und der Zielsetzung für ein aufstrebendes Leben inspirieren kann. Sie wird niemals »arbeitslos« sein. Jede Lehrkraft, die einen solchen Glauben und eine solche Zielsetzung besitzt, kann dies an ihre Schüler weitergeben. Sie *muss* diese Prinzipien einfach an sie weitergeben, sobald diese Teil ihrer eigenen Lebenspraxis sind. Was auf die Lehrkraft, den Prediger und Arzt zutrifft, ist ebenso wahr für die Anwältin, die Zahnärztin, den Immobilienhändler, Versicherungsvertreter – für alle professionellen Frauen und Männer.

Die von mir beschriebene kombinierte mentale und persönliche Anwendungsmethode ist unfehlbar; sie kann nicht versagen. Jede Person, die diese Instruktionen stetig, ausdauernd und auf den Buchstaben genau befolgt, wird reich werden. Das Gesetz der Vermehrung des Lebens ist mathematisch so sicher wie die Gleichung vom Gesetz der Schwerkraft. Reich zu werden ist eine exakte Wissenschaft.

Für den Lohnempfänger wird dies ebenso wie für jeden anderen der erwähnten Fälle zutreffen. Meine nicht, du hättest keine Chance zum Reichwerden, weil du dort arbeitest, wo keine sichtbare Gelegenheit zum Weiterkommen besteht, wo die Löhne niedrig und die Lebenskosten hoch sind. Bilde dir deine klare mentale Vision von dem aus, was du willst, und fange im Glauben und mit Zielsetzung an zu handeln.

Tue alle Arbeit, die du tun kannst, jeden Tag, und erledige auch die kleinste Tätigkeit auf absolut erfolgreiche Weise.

Lege die Macht des Erfolges und die Zielsetzung, reich zu werden, in alles was du tust.

Doch tue das nicht bloß in der Absicht, die Gunst deines Arbeitgebers zu erringen – in der Hoffnung, er oder dein direkter Vorgesetzter würden deine gute Arbeit anerkennen und dich befördern. Es ist wenig wahrscheinlich, dass sie dies tun. Die Person, die bloß einen »guten« Arbeiter oder Angestellten abgibt, ist für einen Arbeitgeber wertvoll, und es liegt nicht in seinem Interesse, diese Person zu befördern.

Sie ist mehr wert dort, wo sie gerade ist.

Um sich eine Beförderung zu sichern, ist mehr nötig als »zu groß für seine Position zu sein«. Die Person, die mit Sicherheit befördert wird, ist die, die für ihre Position zu groß ist, die ein klares Konzept über das hat was sie sein will, die weiß, dass sie werden kann was sie sein will, und die entschlossen ist zu SEIN, was sie sein will.

Versuche also nicht, deine gegenwärtige Position überzuerfüllen in der Absicht, deinem Arbeitgeber zu gefallen. Tue es mit dem Ziel, dich selbst voranzubringen. Halte am Glauben und am Ziel der Vermehrung vor, während und nach deiner Arbeitszeit fest. Halte daran so stark fest, dass jeder, der in Kontakt mit dir kommt – ob Vorgesetzter, Kollege oder Bekannter – die von dir ausgehende Energie deiner Zielstrebigkeit spürt und durch dich mit der Idee des Fortschritts und Wachstums sensibilisiert wird. Die Leute werden sich zu dir hingezogen fühlen, und falls in deinem augenblicklichen Job keine Möglichkeit des Weiterkommens besteht, wirst du schon sehr bald die Gelegenheit für einen Wechsel erkennen.

Es gibt eine Macht, die niemals darin versagt, eine sich gemäß den Gesetzen weiterentwickelnde Persönlichkeit mit Gelegenheiten zu versorgen. **Gott kann nicht anders als dir zu helfen,**

wenn du auf eine bestimmte Art und Weise handelst. Er *muss* das tun, um sich selbst zu helfen. Gemessen an deinen Umständen oder deiner wirtschaftlichen Situation gibt es nichts, was dich unten halten kann. Wenn du in einem Stahlkonzern nicht reich werden kannst, kannst du es woanders. Und wenn du auf die bestimmte Art und Weise vorgehst, wirst du dich mit Sicherheit aus den Klauen der Firma oder des Konzerns befreien und dahin gehen können, wo du sein möchtest.

Wenn ein paar tausend seiner Beschäftigten »den bestimmten Weg« einschlagen würden, wäre das Unternehmen schon bald in schlechter Verfassung. Es müsste seinen Arbeitern bessere Gelegenheiten bieten oder schließen. Niemand muss für einen Großkonzern arbeiten. Sie können Menschen nur so lange in schlecht bezahlten Beschäftigungsverhältnissen festhalten, wie es Leute gibt, denen die Wissenschaft des Reichwerdens unbekannt ist oder die intellektuell zu träge sind, sie zu praktizieren.

Fange an, auf diese Weise zu denken und zu handeln, und dein Glaube und deine Zielsetzung werden dich schon bald eine bessere Gelegenheit entdecken lassen. **Solche Chancen werden rasch kommen, denn die Höchste Macht, die *in allem* arbeitet und *für dich* arbeitet, wird sie dir bringen.**

Warte nicht auf eine Gelegenheit, alles auf einmal zu sein was du sein willst. Wenn dir eine Chance geboten wird, mehr zu sein als du jetzt bist und du bist ihr zugeneigt, ergreife sie. Es wird dein erster Schritt hin zu einer noch größeren Gelegenheit sein.

Für die Person, die das fortschrittliche Leben bejaht und lebt, gibt es in diesem Universum nicht so etwas wie einen Mangel an Gelegenheiten.

Es ist in der Verfassung des Kosmos verankert, dass alle Dinge für den Menschen geschaffen sind und zu seinem Vorteil zusammenarbeiten, und er muss unweigerlich reich werden, wenn er auf die bestimmte Art und Weise handelt und denkt. Daher sollten alle erwerbstätigen Frauen und Männer dieses Buch mit großer

Sorgfalt studieren und die hier empfohlene Vorgehensweise vertrauensvoll übernehmen. Sie wird nicht versagen.

Kapitel 16
Einige Hinweise und Abschlussbemerkungen

VIELE LEUTE werden die Idee einer exakten Wissenschaft des Reichwerdens verwerfen. Während sie an der Vorstellung festhalten, der Vorrat an Wohlstand sei beschränkt, werden sie darauf bestehen, dass soziale und staatliche Institutionen geändert werden müssen, bevor eine sehr viel größere Anzahl Menschen die entsprechende Kompetenz erwerben kann.

Doch das stimmt nicht.

Es ist wahr, dass bestehende Regierungen die Massen in der Bedürftigkeit halten, aber sie können das nur, weil die Massen nicht auf die bestimmte Art und Weise denken und handeln. Würden sie so vorgehen wie in diesem Buch beschrieben, könnten sie weder Regierungen noch wirtschaftliche Systeme aufhalten; alle Systeme müssten geändert werden, um den Vorwärtsdrang bewältigen zu können. Hätten die Leute das fortschrittliche Bewusstsein, den Glauben, dass sie reich werden können und die feste Zielsetzung, sich weiterzuentwickeln und reich zu werden, könnte sie nichts mehr in der Abhängigkeit festhalten.

Einzelpersonen können den bestimmten Weg zu jeder Zeit und unter jeder Regierung einschlagen und sich selbst reich machen. Sollten sich viele Personen für unsere Methode entscheiden, würden sie das bestehende System recht bald zwingen, sich entweder zu ändern oder den Weg für ein anderes freizumachen.

Je mehr Leute auf der Konkurrenzebene reich werden, umso schlimmer für die anderen. Je mehr auf der kreativen Ebene reich werden, umso besser für die anderen.

Die wirtschaftliche Rettung für die Massen ist nur erzielbar, wenn viele Leute dafür begeistert werden können, die wissenschaftliche Methode dieses Buches zu praktizieren und reich zu werden. Sie werden anderen den Weg zeigen und sie mit dem Verlangen nach wirklichem Leben inspirieren, mit dem Glauben, dass wirkliches Leben erlangt werden kann und der Zielsetzung, dieses wirkliche Leben zu erlangen.

Für den Augenblick genügt es jedoch zu wissen, dass weder die Regierung, unter der du lebst, noch das kapitalistische oder auf dem Wettbewerb basierende industrielle System dich davon abhalten können, reich zu werden. Wenn du auf die kreative Denkebene steigst, wirst du über all diesen Dingen stehen und zum Bürger eines anderen Königreichs werden.

Doch vergiss nicht, dass dein Denken auf der kreativen Ebene stattfinden muss. Du darfst dich nie auch nur einen Moment lang dazu verleiten lassen, den Vorrat als beschränkt anzusehen oder auf die moralische Ebene des Konkurrenzdenkens hinabzusinken.

Wann immer du den alten Gedankengängen verfallen solltest, dann korrigiere dich sofort. Denn sobald du im Wettbewerbsbewusstsein bist, hast du die Kooperation des Höchsten Bewusstseins verloren.

Verbringe keine Zeit mit der Erstellung von Notfallplänen für mögliche Zukunftsszenarien. Dich kümmert einzig und allein die absolut perfekte und erfolgreiche Durchführung der *heute* anfallenden Arbeit, nicht das Auftreten eventueller Notfälle in ferner Zukunft. Mit ihnen kannst du dich später beschäftigen, so sie denn überhaupt entstehen sollten.

Beunruhige dich nicht mit Fragen, wie du mögliche Hindernisse überwindest, die sich an deinem geschäftlichen Horizont abzeichnen – es sei denn, du kannst klar erkennen, dass dein Kurs heute geändert werden muss, um sie zu vermeiden.

Wie gewaltig auch immer ein Hindernis in der Ferne erscheinen möge, du wirst sehen, dass es verschwindet, sobald du ihm näher kommst – oder dass ein Weg über, unter, durch oder um es herum sich auftun wird.

Keine mögliche Konstellation von Umständen kann jemanden in die Knie zwingen, der im Begriff ist, entlang strikt wissenschaftlicher Prinzipien reich zu werden. Niemand, der das Gesetz beachtet, kann beim Reichwerden scheitern, so wenig wie jemand 2x2 multipliziert und nicht 4 herausbekommt.

Mache dir keine ängstlichen Gedanken über eventuell mögliche Katastrophen, Hindernisse, Paniken oder andere ungünstige Konstellationen von Umständen. Es gibt genug Zeit, diese Dinge dann anzugehen, wenn sie sich dir unmittelbar präsentieren. Du wirst sehen, dass jede Schwierigkeit bereits das Nötige zu ihrer Überwindung in sich trägt.

Achte auf deine Rede. Sprich niemals über dich selbst, deine Angelegenheiten oder über irgendetwas anderes in einer entmutigten oder demotivierten Weise.

Gib niemals die Möglichkeit des Scheiterns zu und vermeide eine Sprache, aus der die Möglichkeit des Scheiterns herausgehört werden kann.

Sprich niemals so, als seien die Zeiten hart oder die Geschäftsaussichten trübe. Die Zeiten mögen hart sein und die Aussichten trübe – für die, die sich auf der Konkurrenzebene bewegen; aber sie können es niemals für dich sein.

Du kannst das erschaffen, was du willst, und du stehst über jeder Furcht.

Wenn andere mit schweren Zeiten und schlechten Geschäften zu kämpfen haben, werden sich dir die besten Chancen bieten. Leg dir ein Denken und eine Ansicht über die Welt an als etwas, das im Werden, im Wachsen begriffen ist, und sieh das scheinbare Böse nur als etwas an, das unterentwickelt ist. Sprich immer im Sinne von Fortschritt. Etwas anderes zu tun wäre deinen Glauben verleugnen, und deinen Glauben zu verleugnen würde bedeuten, ihn zu verlieren.

Erlaube dir niemals, dich enttäuscht zu fühlen. Du magst erwartet haben, ein bestimmtes Ding zu einer bestimmten Zeit zu bekommen und es nicht erhalten haben; dies wird dir wie ein Misserfolg erscheinen. Doch wenn du an deinem Glauben festhältst, wirst du erkennen, dass es nur scheinbar ein Misserfolg war.

Gehe weiter auf dem bestimmten Weg, und wenn du dieses Ding nicht erhältst, wirst du etwas so viel besseres dafür bekommen, dass du schnell erkennst: Der scheinbare Misserfolg war in Wirklichkeit ein großer Erfolg.

Ein Student dieser Wissenschaft hatte es sich in den Sinn gesetzt, eine bestimmte Geschäftskonstellation einzugehen, die er zu der Zeit als sehr erstrebenswert einschätzte, und eifrig arbeitete er einige Wochen lang an ihrer Realisierung.

Kaum dass der entscheidende Moment gekommen war, scheiterte die Sache auf eine absolut unerklärliche Weise. Es schien, als hätte irgendein unsichtbarer Einfluss heimlich gegen ihn gearbeitet. Aber er gab sich nicht geschlagen. Im Gegenteil: Er dankte Gott, dass sein Verlangen abgelehnt worden war und machte unverdrossen und mit dankbarem Herzen weiter. Ein paar Wochen später bot sich ihm dann eine so deutlich günstigere Gelegenheit, dass er das erste Geschäft nicht um alles in der Welt mehr hätte abschließen wollen. Er erkannte: Ein Bewusstsein, das mehr wusste als er, hatte ihn davor bewahrt, ein größeres Gutes wegen seiner Verwicklung in ein weniger Gutes zu verlieren.

Auf diese Weise werden sich alle deine scheinbaren Misserfolge auflösen, wenn du an deinem Glauben und an deiner Zielsetzung festhältst, Dankbarkeit zeigst und – jeden Tag – alles tust, was an diesem Tag getan werden kann, indem du auch die kleinste Tätigkeit mit Hingabe durchführst.

Wenn du einen Misserfolg produzierst, dann darum, weil du nicht um mehr nachgefragt hast. Mach weiter, und eine größere Sache als die jetzige wird zu dir kommen. Denke daran:

Du scheiterst nicht, weil es dir am notwendigen Talent mangelt, das zu tun, was du tun willst. Wenn du weiterhin so vorgehst wie ich es vorgegeben habe, wirst du alles Talent entwickeln, das zur Erledigung deiner Tätigkeit erforderlich ist. Es ist nicht Ziel dieses Buches, aufzuzeigen, wie man sein Talent kultiviert, doch ist dies so sicher und einfach wie der Prozess des Reichwerdens.

Du solltest allerdings, bevor du eine neue Position antrittst, nicht zögerlich oder unschlüssig sein vor lauter Furcht, aufgrund mangelnder Fähigkeiten zu scheitern. Zieh deine Sache durch, und sobald du in die Position gelangst, werden dir die notwendigen Fähigkeiten gegeben. Die gleiche Quelle der Befähigung, die einst den ungelernten Lincoln in die Lage versetzte, die größten jemals von einem einzelnen Menschen angegangenen Regierungsvorhaben umzusetzen, steht auch dir offen. Du darfst auf die gesamte Weisheit zugreifen, die durch das kosmische Bewusstsein bereitgestellt wird, um sie zur Bewältigung der dir auferlegten Verpflichtungen zu nutzen. Geh deinen Weg im vollen Glauben weiter.

Studiere dieses Buch. Mache es zu deinem ständigen Begleiter, bis du alle in ihm enthaltenen Ideen gemeistert hast. Während du diesen Glauben immer fester in dir begründest, tust du gut daran, die meisten Vergnügungen aufzugeben und dich von allen Orten fernzuhalten, wo Ideen propagiert werden, die den vorliegenden widersprechen. Lies keine pessimistische oder nicht übereinstimmende Literatur und lasse dich auch nicht auf Streitgespräche über unsere Wissenschaft ein.

Verbringe den größten Teil deiner Freizeit mit der Betrachtung deiner Vision, mit der Kultivierung von Dankbarkeit und mit dem Lesen dieses Buches. Es enthält alles, was du über die Wissenschaft des Reichwerdens wissen musst, und du wirst alle Grundsätze im folgenden Kapitel nochmals zusammengefasst finden.

Kapitel 17

Zusammenfassung

ES EXISTIERT ein Denkstoff, aus dem alle Dinge gemacht und der, in seinem Urzustand, die Zwischenräume des Universums durchdringt und ausfüllt.

Ein Gedanke in dieser Substanz produziert den Gegenstand oder die Situation, die vorher als geistiges Bild mittels dieses Gedankens entworfen wurde.

Eine Person kann Gegenstände und Situationen gedanklich formen und, indem sie ihre Gedanken der Formlosen Substanz einprägt, veranlassen, dass die gedachten Gegenstände und Situationen zur Realität werden.

Um dies bewirken zu können, muss die Person vom Konkurrenzdenken zum Schöpfungsdenken wechseln. Andernfalls kann sie nicht in Harmonie mit der Formlosen Intelligenz sein, die im Geist immer kreativ und niemals konkurrenzbetont ist.

Eine Person kann in volle Harmonie mit der Formlosen Substanz gelangen, indem sie eine beständige und aufrichtige Dankbarkeit für die Segnungen bekundet, die ihr zugetragen werden. Dankbarkeit vereint das Bewusstsein des Menschen mit der Intelligenz der Substanz, so dass die menschlichen Gedanken vom Formlosen empfangen werden. Eine Person kann nur dann auf der kreativen Ebene verbleiben, wenn sie sich mit der Formlosen Substanz durch ein tiefes und beständiges Gefühl der Dankbarkeit vereint.

Eine Person muss ein klares geistiges Bild der Dinge formen, die sie besitzen, tun oder werden will. Sie muss dieses geistige Bild in ihren Gedanken festhalten, indem sie dem Höchsten gegenüber ihre tiefe Dankbarkeit ausdrückt, dass alle ihre Wünsche bereits gewährt wurden.

Die Person, die reich werden möchte, sollte ihre gesamte Freizeit mit dem Nachsinnen über diese Vision verbringen und in aufrichtiger Danksagung, dass ihr die Realität bereits zugetragen wird. Die Bedeutung der regelmäßigen Betrachtung des mentalen Bildes, verbunden mit standhaftem Glauben und andächtiger Dankbarkeit, kann nicht oft genug betont werden. Dies ist der Prozess, durch den die Einprägung des Bildes in das Formlose erfolgt und die schöpferischen Kräfte in Bewegung gesetzt werden.

Die kreative Energie arbeitet durch die festgelegten Kanäle des natürlichen Wachstums sowie der wirtschaftlichen und sozialen Ordnung. Alles, was ihr mentales Bild beinhaltet, wird mit Sicherheit der Person zugestellt, die die oben beschriebenen Anweisungen befolgt und deren Glaube nicht wankt. Was sie will, wird durch die Kanäle der bestehenden Wirtschaftsordnung auch zu ihr gelangen.

Um ihr Eigenes empfangen zu können wenn es bereit ist zu ihr zu kommen, muss eine Person sich so verhalten, dass sie ihre aktuelle Position mehr als ausfüllt. Sie muss die Zielsetzung, durch Realisierung ihres geistigen Bildes reich zu werden, stets im Bewusstsein bewahren. Auch muss sie täglich alles tun, was an diesem Tag getan werden kann, und zwar mit dem festen Vorsatz, jede Tätigkeit *erfolgreich* zu erledigen.

Sie muss jedermann einen Gebrauchswert geben, der den empfangenen Geldwert übersteigt, so dass jede Transaktion wiederum für mehr Leben sorgt. Zudem muss sie den Fortschrittsgedanken pflegen, so dass allen Menschen, mit denen sie in Kontakt kommt, dieser Eindruck der Vermehrung kommuniziert wird.

Die Männer und Frauen, die obige Anweisungen praktizieren, werden mit Sicherheit reich werden, und die erhaltenen Reichtümer werden im exakten Verhältnis zur Bestimmtheit ihrer Vision, Beständigkeit ihrer Zielsetzung und Fülle ihrer Dankbarkeit stehen.

Anhang
Wallace Delois Wattles

 VIEL IST nicht bekannt geworden über den Autor der »Wissenschaft des Reichwerdens«. Geboren wurde Wallace Wattles kurz nach dem Ende des amerikanischen Bürgerkrieges (1865); er wuchs in ärmlichen Verhältnissen auf, persönliche und finanzielle Misserfolge begleiteten ihn fast das ganze Leben hindurch. Geschlagen gab er sich jedoch nie. Im Gegenteil, beharrlich hielt er an der Überzeugung fest, dass jedem Menschen – also auch ihm selbst – die Option in die Wiege gelegt ist, auf Erden ein erfolgreiches, glückliches, reiches und gesundes Leben zu führen. Er begann, seine eigenen inneren Überzeugungen, seinen Lebensstil und seine Gewohnheiten zu hinterfragen. Was machte er falsch? Was musste er tun, um aus dem Teufelskreis der Armut ausbrechen zu können? Er ging daran, die religiösen Überzeugungen und philosophischen Abhandlungen von Descartes, Spinoza, Leibnitz, Schopenhauer, Hegel, Emerson und anderen zu studieren. Durch unermüdliches Auswerten aller Schriften und praktisches Experimentieren entdeckte er schließlich die »Wahrheit der Prinzipien des Neuen Denkens«, entwickelte daraus seine »Wissenschaft des Reichwerdens« und setzte die Prinzipien erst einmal in seinem eigenen Leben um – mit offenbar durchschlagendem Erfolg.

Von seinen persönlichen Erfolgserlebnissen inspiriert und angespornt, wagte er sich schließlich ans Bücherschreiben. Seine Tochter Florence erinnert sich: »Er schrieb fast ununterbrochen. Dabei formte er seine geistigen Bilder. Er sah sich selbst als erfolgreicher Autor, als eine kraftvolle Persönlichkeit, als ein fortschrittlicher Mann und er begann, auf die Verwirklichung seiner Visionen hinzuarbeiten. Er lebte jede einzelne Seite seiner Bücher... er lebte ein wahrhaft kraftvolles Leben.«

Außer dem vorliegenden Buch schrieb Wattles *The Science Of Becoming Excellent* und *The Science Of Well Being.* Er starb kurz nach der Veröffentlichung seiner Werke; sie wurden in Amerika nicht nur zu Bestsellern ihrer Zeit, sondern galten dort noch heute, knapp hundert Jahre nach ihrem Erscheinen, als zeitlose Klassiker und grundlegende Pionierarbeiten des Positiven Denkens.

Notizen

Notizen

Im gleichen Verlag erschienen:

Gert B. Ritsch

Deine Abkürzung
zu Glück + Erfolg

Um Glück und Erfolg zu erlangen, muss man nicht zwei
Drittel seines Lebens oder länger hart schuften. Es gibt ei-
ne Abkürzung, die einen schnell und leicht zu seinen
Traumzielen bringt. Und auch noch Spaß macht.

Ein Sprichwort sagt: »Jeder ist seines eigenen Glückes
Schmied«. Aber *womit* und *wie* schmiede ich mein eigenes
Glück?

Autor Gert B. Ritsch liefert mit seinem »Praxisbuch der
Bejahungen« genau die Werkzeuge, die zum Schmieden
des Lebensglücks unabdingbar sind. Anhand von syste-
matischen Lektionen, zahlreichen Beispiel-Bejahungen für
alle Lebensbereiche und einer »4-Wochen Bejahungs-Kur«
wird knapp und präzise aufgezeigt, wie man sich selbst
nachhaltig auf Erfolg programmiert und alles erreichen
kann, was man sich im Leben wünscht.

128 Seiten • ISBN 3-938219-02-5

brv *motivation*